Dorothea Engel-Ortlieb

Perfekt im Office

Moderne Büroorganisation für Profis

REDLINE | VERLAG

Bibliografische Information der Deutschen Nationalbibliothek
Die Deutsche Nationalbibliothek verzeichnet diese Publikation in der Deutschen Nationalbibliografie. Detaillierte bibliografische Daten sind im Internet über http://dnb.d-nb.de abrufbar.

ISBN 978-3-636-01600-3

Unsere Web-Adresse:
www.redline-verlag.de

3., aktualisierte und erweiterte Auflage

© 2008 by Redline Verlag, FinanzBuch Verlag GmbH, München.

Umschlaggestaltung: INIT, Büro für Gestaltung, Bielefeld
Umschlagabbildung: Zefa, Hamburg
Satz: Jürgen Echter, Landsberg am Lech
Printed in Germany

Alle Rechte, insbesondere das Recht der Vervielfältigung und Verbreitung sowie der Übersetzung, vorbehalten. Kein Teil des Werkes darf in irgendeiner Form (durch Fotokopie, Mikrofilm oder ein anderes Verfahren) ohne schriftliche Genehmigung des Verlages reproduziert oder unter Verwendung elektronischer Systeme gespeichert, verarbeitet, vervielfältigt oder verbreitet werden.

Über die Autorin

Dr. Dorothea Engel-Ortlieb ist Organisatorin mit Schwerpunkt Office. Sie reorganisiert Chefbüros, Teams und Sekretariate. Sie ist Inhaberin der Organisationsberatung BÜROFREUDE®. Seit 2004 besitzt sie das Zertifikat Total Quality Management der Universität Kaiserslautern, seit 2006 ist sie zertifizierter Coach. Nach kaufmännischer Ausbildung und Auslandsaufenthalt arbeitete sie im Chefsekretariat eines internationalen Konzerns. Es folgten – nach dem Abendabitur – ein sprachwissenschaftliches Studium an den Universitäten Berlin und Konstanz (Staatsexamen Höheres Lehramt und Promotion zum Dr. phil.) mit anschließender Hochschultätigkeit zu Themen der Psycholinguistik in Forschung und Lehre. Dann zurück in die Wirtschaft als geschäftsführende Gesellschafterin eines Familienunternehmens im Bereich Medien, seit 1991 als Dozentin in der beruflichen Weiterbildung. Seit 1998 Beratung, Training, Organisation. 2001 Start der BÜROFREUDE®.

Sie erreichen die Autorin unter www.buerofreude.de

Inhalt

Vorwort	**11**	
1	**Was ist ein Büro?**	**13**
	1.1 Zwei Bereiche	13
	1.2 Bausteine fürs Büro	16
2	**Arbeitsplatz**	**17**
	2.1 Angenehm soll er sein, der Arbeitsplatz!	17
	2.2 Das Wichtige in Reichweite	18
	2.3 Neue Trends am Arbeitsplatz	20
	2.4 Checkliste: Mein Arbeitsplatz	24
3	**Posteingang**	**25**
	3.1 Tageswert: Entscheiden in 5 Minuten!	25
	3.2 Prüfwert: Aufbereitung	26
	3.3 Prüfwert: Sofortaufgaben	27
	3.4 Prüfwert: Zuordnen	28
	3.5 Posteingang E-Mail	29
	3.6 Checkliste: Die Post ist da	33
4	**Termine**	**35**
	4.1 Terminkalender	35
	4.2 Termine setzen	36
	4.3 Termine abstimmen	38
	4.4 Checkliste: Achtung Termin!	40
5	**Terminmanagement**	**41**
	5.1 Schritt für Schritt zum Tagesplan	42
	5.2 Wiedervorlage	54
	5.3 Jeder plant auf seine Weise	58

6	**Elektronisches Terminmanagement**	**61**
	6.1 MS Outlook Heute	63
	6.2 MS Outlook Kalenderansichten	64
	6.3 MS Outlook Termine	69
	6.4 MS Outlook Aufgaben	73
	6.5 MS Outlook Wiedervorlage	76
	6.6 Lotus Notes Kalenderansichten	78
	6.7 Lotus Notes Termine	84
	6.8 Lotus Notes Aufgaben	87
	6.9 Lotus Notes Wiedervorlage	90
7	**Störungen**	**93**
	7.1 Störfaktoren und Lösungen	93
	7.2 Ab und zu auch „nein" sagen können	99
	7.3 So klappt's mit dem Chef	101
8	**Selbstmanagement**	**105**
	8.1 Erfolgreich sein	105
	8.2 Verantwortung übernehmen	107
	8.3 Berufliche und private Ziele im Gleichgewicht	111
9	**Tagesablauf**	**113**
	9.1 Wo bleibt Ihre Arbeitszeit?	113
	9.2 Wenn Sie nicht da sind	118
10	**Sitzungen, Meetings, Konferenzen**	**121**
	10.1 Gut begonnen ist halb gewonnen	121
	10.2 Pünktlich, kurz und wirkungsvoll	126
	10.3 Ende gut, alles gut	128
11	**Gute Briefe, gute E-Mails**	**131**
	11.1 Businesslike	131
	11.2 Der eigene Stil	132
	11.3 E-Mail-Kommunikation	135

12	**Ablage**	**139**
	12.1 Registratur	139
	12.2 Aktenführung	143
	12.3 Ordnungsweisen	147
	12.4 Checkliste: Ordnung macht erfolgreich	153
	12.5 Gesetzliche Aufbewahrungsfristen	154
13	**Dokumenten-Management**	**161**
	13.1 Aktenplan	161
	13.2 Papier oder PC?	169
	13.3 E-Mail-Organisation	173
14	**DMS, Dokumenten-Management-Systeme**	**179**
	14.1 Automatisierung im Office	179
	14.2 Gute Vorbereitung	180
	14.3 Elektronische Archivierung	182
	14.4 Workflow	184
	14.5 Elektronische Akte	185
	14.6 Rechtliche Fragen	186
15	**Qualitätsoffice**	**193**
	15.1 Erst die Ordnung, dann die Organisation	193
	15.2 Produktiver werden	196
	15.3 Auf dem Weg zum Profi	200
16	**Freude an der Arbeit**	**203**
	Arbeitshilfen	**205**
	Aufgabenliste	205
	Struktur der Platzablage	206
	Störprotokoll	207
	Meine Störzeiten	208
	Meine Erfolgsaufgaben	209
	Wo bleibt meine Arbeitszeit?	210
	Planung von internen Veranstaltungen	211
	Planung von Events	212

Muster-Aktenplan 213

Literaturverzeichnis 219

Stichwortverzeichnis 223

Vorwort

Dieses Buch möchte Sie anregen, den Organisationsort „Büro" aus einem neuen Blickwinkel zu betrachten, um einige wenige Grundprinzipien professioneller Büroarbeit zu reflektieren: Aufgaben bündeln, Abläufe optimieren, Aufbewahrung strukturieren. Das gilt für Schriftstücke *und* für elektronische Dokumente. Erst die Vorausplanung der Ereignisse, die Überschaubarkeit der Arbeitsschritte und die Nachbereitung der Ergebnisse bringen Ordnung und Ruhe in den Arbeitstag. Wo stehen Sie?

Das Büro wird elektronisch und damit global. Deshalb gibt es Zeitmanagement-Tipps zur Arbeitsweise mit MS Outlook und – das ist in dieser 3. Auflage neu – Lotus Notes. Beim Wechsel des Arbeitsplatzes kann es von Nutzen sein, beide Systeme zu kennen. Sie erhalten Hinweise zu MS Outlook 2007 und 2003 und zu Lotus Notes 8.0 und 7.0 (6.5).

Die Bürosystematik aber, die Grammatik des Büros, gilt für papiergebundenes wie für elektronisches Arbeiten gleichermaßen. Das zeigt Ihnen dieses Buch, das seit 2001 bereits in nahezu 10.000 Exemplaren seinen Weg auf die Schreibtische gefunden hat.

Jedes Thema beginnt mit der papiergebundenen Arbeitsweise, dann folgt die elektronische. Beispiele: Wie Sie es schaffen Bescheid zu wissen, ohne alles erledigt zu haben, das steht im Kapitel 3 Posteingang. Zuerst kommt die gelbe Post, dann kommen die E-Mails. Die wichtigsten Regeln des Terminmanagement stehen in Kapitel 5. In Kapitel 6 folgt das elektronische Terminmanagement mit MS Outlook und Lotus Notes. Das Dokumenten-Management per Aktenplan steht im Kapitel 13. Im Kapitel 14 folgen die Grundlagen der elektronischen Archivierung mit DMS, Dokumenten-Management-Systemen. Mit Betrachtungen zur Büro-Effizienz endet dieses Buch und öffnet den Weg für Qualität und Qualitätsmanagement, auch im Büro.

Wenn Sie also Veränderungen suchen und Ihr Büro zum modernen Office umgestalten wollen, beginnen Sie in kleinen Schritten und wenn Sie Spaß daran gefunden haben, krempeln Sie den ganzen Laden um. Organisation macht erfolgreich!

Ich wünsche Ihnen viel Freude beim Lesen und – auf zur Tat!

Dorothea Engel-Ortlieb

1 Was ist ein Büro?

Qualität erfasst das Büro. Büroabläufe werden neu durchdacht, geordnet, organisiert. Wie mache ich das? Wo finde ich was? Aber haben Sie sich einmal gefragt, was ein Büro eigentlich ist? Was da passiert? Oder sprechen Sie vom Office, um klarzustellen, dass Sie professionell und modern arbeiten?

Hektisch geht es meist am Schreibtisch zu. Hier „landen" die Informationen aus aller Welt. Sie treffen als Brief, E-Mail oder Fax schriftlich ein und mündlich als Telefonat, Voice-Mail oder im persönlichen Gespräch. Und das unaufhörlich, oft gleichzeitig. Wohin damit?

Ihre Aufgabe ist es, Vorgänge zu bearbeiten. Aber auch Vorgänge entwickeln sich nicht geregelt. Vorgang 1 beginnt gerade, Vorgang 3 ist schon fast fertig, Vorgang 4 erfordert Rücksprache, Vorgang 8 wartet auf Nachricht, Vorgang 5 ist nichts geworden, Vorgang 2 reklamiert, Vorgang 7 kenne ich nicht, Vorgang 6 hat zugesagt. Und alles sofort.

Wie soll das gehen?

Wo bleibt hier die Systematik?

1.1 Zwei Bereiche

Büro besteht aus Bausteinen, die auf zwei Bereiche verteilt sind: den dynamischen und den statischen Arbeitsbereich.

Dynamischer Arbeitsbereich

Der dynamische Bereich Ihres Büros liegt rund um den Schreibtisch mit Platzablage für die Vorgangsakten. Dort befinden sich die dynamischen Akten. Hier muss es schnell gehen, alles muss griffbereit sein. Hier werden die Entscheidungen getroffen. Ohne eine gute Platzablage im Schreibtisch sind Sie nicht schlagkräftig. Ganz gleich wie Ihr Arbeitsplatz aufgebaut ist: als Schreibtisch mit Container oder als Schreibtisch mit Caddy, die moderne Alternative des mobilen Büros. Dazu unentbehrlich PC, Laptop oder Workstation:

Bausteine des dynamischen Arbeitsbereichs

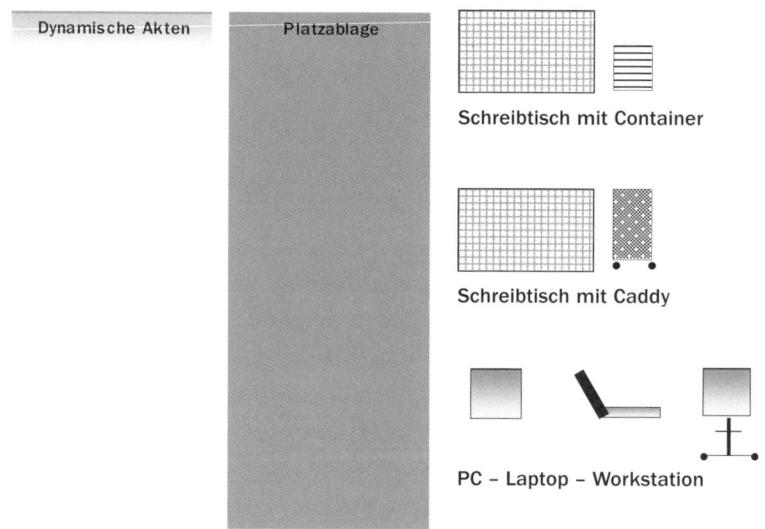

Statischer Arbeitsbereich

Im statischen Bereich ruht die Ablage. Nicht minder wichtig, auch aufgrund der gesetzlichen Aufbewahrungsfristen. Um hier agieren zu können, benötigen Sie eine Bereichsablage, eine Altablage und ein Archiv. Informationen, die hier zur Verfügung stehen, werden kaum noch verändert – und sie werden immer seltener gebraucht.

Bausteine des statischen Arbeitsbereichs

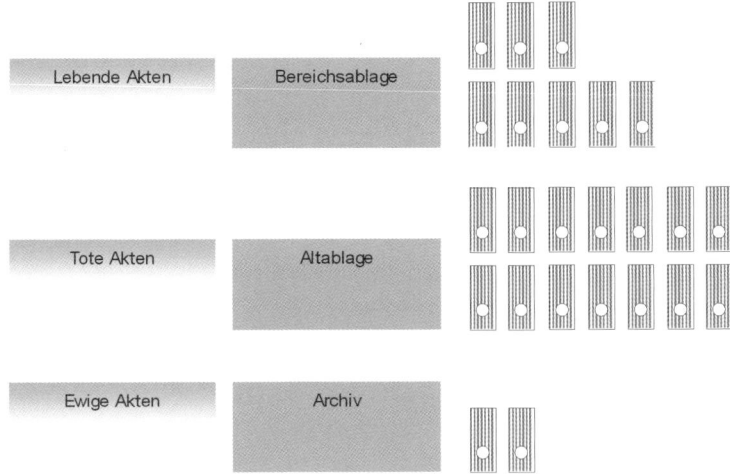

Unterscheiden Sie zwischen:

Akten	Ablage	Bereich
• **dynamischen Akten** Zugriff mehrmals täglich	**Platzablage** im Schreibtisch oder neben dem Schreibtisch	**dynamischer Bereich**
• **lebenden Akten** Zugriff mehrmals wöchentlich	**Bereichsablage** im Arbeitsbereich	**statischer Bereich**
• **toten Akten** warten auf das Ende der Aufbewahrungsfrist. Danach werden sie vernichtet. Zugriff selten	**Altablage** in Nebenräumen	
• **ewigen Akten** dienen der Dokumentation	**Archiv** im Tresor	

1.2 Bausteine fürs Büro

Was ist gut, was lässt sich verbessern?

	Zentrale Schaltstellen	Ihr Büro
1	Wie sieht Ihr **Schreibtisch** aus? Sehen Sie Verbesserungsmöglichkeiten? Ideal: ein leerer Schreibtisch	
2	Haben Sie eine **Platzablage**? Was befindet sich darin? Wie ist sie organisiert?	
3	Nutzen Sie eine **Wiedervorlage**? Wie handhaben Sie diese? Pultordner, Hängemappen, Stehmappen?	
4	Wie ist Ihre **Bereichsablage** aufgebaut? Ordner? Hängeregistratur? Regale? Schränke? Wie viele?	
5	Wo befindet sich die **Altablage**? In welchem Zustand ist diese? Kartons, Kisten, Gerümpel? Keller, Kabuff?	
6	Gibt es ein **Archiv**? Für die ewigen Akten? Was ist da drin? Wer führt es? Tresor?	

2 Arbeitsplatz

2.1 Angenehm soll er sein, der Arbeitsplatz!

Gestalten Sie Ihren Arbeitsplatz so, dass Sie gut und angenehm arbeiten können: keine langen Laufwege, ungestörter Arbeitsfluss, gute Atmosphäre! Dekorieren Sie Ihren Arbeitsplatz nach Ihrem Geschmack, damit Sie sich wohl fühlen.

Mehr als das Telefon, Notizblock mit Stift und den Terminkalender benötigen Sie auf Ihrem Schreibtisch nicht! Alle Utensilien (Schere, Taschenrechner, Locher, Hefter, Stifte usw.) befinden sich im Schreibtisch.

Das Telefon steht möglichst links auf Ihrem Schreibtisch, damit Sie rechts mitschreiben können, ohne den Hörer zu wechseln (bei Linkshändern umgekehrt!). Den Terminplaner haben Sie an markanter Stelle ausgelegt, damit er immer einsehbar ist. Und natürlich gibt es einen großen Papierkorb!

So beginnt die Arbeit!

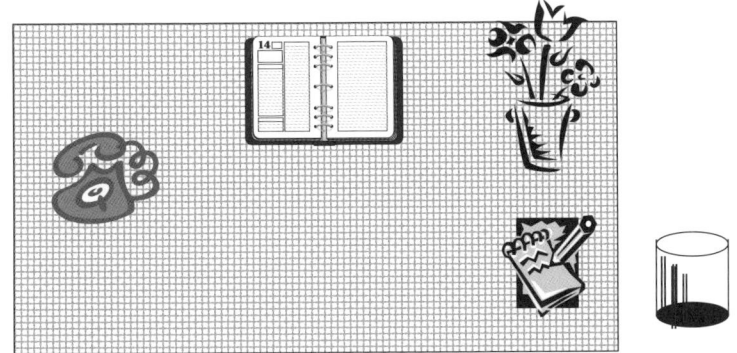

> **Der Arbeitsplatz eines Nobelpreisträgers:**
>
> Hamburger Abendblatt vom 1. September 2000:
>
> „Nicht einmal zehn Schritte hinter einer Glastür befindet sich das helle Arbeitszimmer. Durch vier große Fenster dringen vereinzelte Sonnenstrahlen. Auf der fünf Meter langen Fensterbank stehen u. a. eine Weltuhr, fünf vertrocknete Rosen und Versteinerungen. Der Forscher liebt die Berge. An der Stirnwand befindet sich der Arbeitsplatz. Er ist aufgeräumt. Darüber thront eine dicke chinesische Figur, in der linken Hand ein Rotstift."

2.2 Das Wichtige in Reichweite

Die Hängeregistratur des Schreibtisches ist eine ideale Platzablage für Ihre dynamischen Akten. Darin sind die Vorgänge, die Sie zu bearbeiten haben. Auch Unterlagen (Nachschlagewerke, Infomaterial) oder Arbeitsmappen wie „Lesen", „Chef", „Telefonieren", die Sie für Ihre dynamischen Aufgaben benötigen, sind dort gut untergebracht. Worauf Sie sonst noch direkt zugreifen, kann auch direkt neben dem Schreibtisch auf einem Beistelltisch oder Sideboard liegen. Wichtig: Ein Griff genügt! Sie müssen nicht aufstehen.

Was Sie weniger häufig benötigen, bewahren Sie im Arbeitsbereich auf: im Regal oder Schrank. Sollten Sie Ihre Nachschlagewerke wie den DUDEN, Telefonbücher oder Gesetzestexte auf CD-ROM einsetzen, dann sind Sie fein raus!

Die Aufstellung des PC richtet sich nach den Vorschriften der Bildschirmarbeitsplatzverordnung (siehe Tipp: So steht Ihr PC richtig!).

Übrigens

Brauchen Sie wirklich diese vielen Ablagekörbchen auf Ihrem Schreibtisch? Nur für Posteingang – als IN-Box – und Postausgang – als OUT-Box – sind sie wirklich wichtig! Körbchenberge für „Erledigen" oder „Ablage" oder „Projekt" werden gern aufgehäuft.

Sind sie wirklich praktisch? Warum nicht eine Hängeregistratur im Schreibtisch dafür einrichten? So können Sie Ihre Unterlagen übersichtlich anordnen und direkt darauf zugreifen. Der Blick ist frei für die aktuelle Arbeit auf dem Schreibtisch. Und das Ganze sieht zudem sehr professionell aus! Siehe Arbeitshilfen: Struktur der Platzablage.

Zugriff im Schreibtisch, neben dem Schreibtisch und im Arbeitsbereich

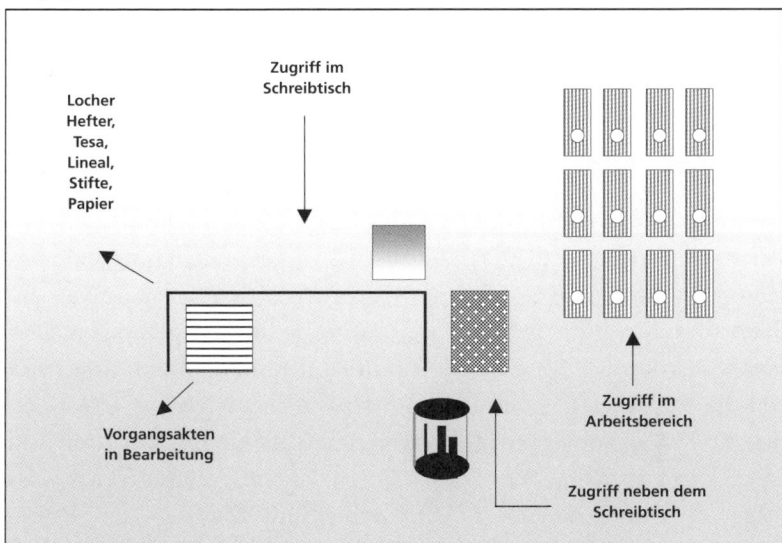

So steht Ihr PC richtig!

Das Deutsche Büromöbel Forum hat eine anschauliche Informationsschrift zur Gestaltung von Bildschirmarbeitsplätzen herausgegeben. Diese können Sie kostenlos beziehen unter www.buero-forum.de. Dann Infoservice/Fachschriften. Wählen Sie Nr. 4.

Office für Kinder

Das Young Office für Kinder – ganz nach dieser Systematik ausgerichtet – präsentiert: www.moll-system.com

2.3   Neue Trends am Arbeitsplatz

Mobilität und Flexibilität kennzeichnen das Büro der Zukunft. Das drückt sich auch in der Gestaltung des Arbeitsplatzes aus.

Das mobile Büro

Das mobile Büro ist voll im Trend: Alles rollt: der Schreibtisch, der PC, der Caddy. Im Falle des nächsten Umzuges – auch innerhalb des Hauses – können bis zu 50 % der Umzugskosten eingespart werden. Zum mobilen Büro gehören innovative Arbeitsumgebungen. Das Herzstück ist die Zone für Kommunikation und Interaktion rund um die Piazza (mit Cafébar und Stehtischen). Man hat errechnet, dass 80 % der Innovation im Unternehmen auf Kommunikation und Interaktion zurückgehen. Dieses Potenzial soll genutzt werden. Es folgen die Zonen für Aktivität und Arbeit und Rückzugs- und Ruhezonen zum Nachdenken und zur Entspannung.

Kein fester Arbeitsplatz

Nicht jeder Mitarbeiter und jede Mitarbeiterin hat im mobilen Büro (noch) einen eigenen Schreibtisch. Man hat errechnet, dass von 100 Mitarbeitern im Durchschnitt nur 70 anwesend sind, sei es, dass sie Außentermine wahrnehmen, dass sie an Konferenzen teilnehmen, sich fortbilden, dass sie Urlaub machen oder krank sind. Der Trend geht also dahin, nur so viele Schreibtische zur Verfügung zu stellen, wie auch benutzt werden. Das spart Raum- und Materialkosten.

Schreibtische haben Rollen, so sind sie flexibel verwendbar und stehen auch einmal für eine Diskussionsrunde zur Verfügung. Der PC wird bei Bedarf an den Schreibtisch angerollt. Bei Arbeitsende wird eingepackt und aufgeräumt. Der nächste Kollege erwartet einen leeren Schreibtisch. Für einige Arbeiten kann der Schreibtisch ganz entfallen. Man arbeitet dann an einer Workstation.

Im Büro der Zukunft gibt es – gerade wegen der hohen Anforderungen an Mobilität und Flexibilität – auch Privacy, Rückzugszonen mit Spind für Kleider, eine Dusche, ein Waschbecken mit Spiegel und eine Bettcouch zum Ausruhen.

Der Caddy

Was ist ein Caddy? Das moderne Möbelstück für die Platzablage! Ein Caddy wird neben den Schreibtisch gerollt. Er ist entsprechend hoch gebaut, sodass sich darauf im Stehen gut arbeiten lässt, z. B. mit dem Laptop. Schlagzeile: „Rollschrank wird zum Schreibtisch". Er wird von vorn oder von der Seite geöffnet. Das Innenleben besteht aus Utensilienschublade, Ordner- oder Laptop-Fach sowie Hängeregistratur, also durchaus dem Schreibtisch-Container vergleichbar, hat aber ein größeres Fassungsvermögen. Caddys werden einem Schreibtisch oder einer Workstation flexibel zugeordnet. So entstehen mobile Arbeitsplätze. Wo ein Arbeitsplatz frei ist, wird angedockt.

Caddys passen gut in sogenannte Cockpits, winzige Einzelarbeitsplätze von 7,5 Quadratmetern, verglast für den Sichtkontakt. Das Besondere: Caddys tragen Namensschilder. Sie sind der persönliche Besitz eines Mitarbeiters, bleiben auch während dessen Abwesenheit verschlossen. Caddys haben einen eigenen Posteinwurf. Der Büronomade – dem Vokabular der Wüste entlehnt –, der nur einmal wöchentlich ins Office kommt oder sonst viel unterwegs ist, holt dann seinen Caddy aus der Caddy-Garage, rollt ihn an einen freien, mobilen Schreibtisch, hängt Jackett oder Blazer über die Caddy-Stange, schließt sich über eine Docking-Station ans Netz an und los geht's!

Arbeitsplatz

Wie sieht das Büro der Zukunft aus?

www.office21.de

www.iao.fraunhofer.de

www.oic.fhg.de

Pressestimmen:
Das Büro der Zukunft hat Rollen
Der Bürostuhl der Zukunft ist eine Liege
Das Büro der Zukunft: ein Rollschrank und ein Stuhl
Jeden Tag einen neuen Arbeitsplatz

Mobiler Arbeitsplatz mit Schreibtisch, PC und Caddy

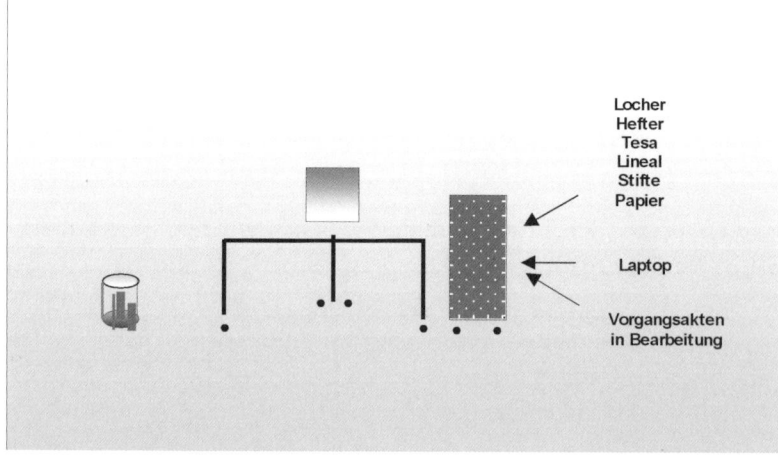

New Work

Noch mobiler werden die Büros des neuen Arbeitens. Neue Technologien haben die Voraussetzungen geschaffen, an fast beliebigen

Orten und zu jeder Zeit arbeiten zu können. Arbeiten vor Ort beim Kunden, arbeiten im Office at Home und arbeiten während eines Office-in-Days. Bis hin zum Arbeiten im globalen, virtuellen Büro „nach der Sonne", wenn die Arbeits-Weitergabe über Kontinente hinweg funktioniert.

Bei so viel Dezentralisierung rückt die Kommunikation in den Mittelpunkt. Der Anteil an kommunikativen Flächen steigt erheblich. Neue Raumkonzepte, neue Sitzmöbel werden entworfen für die Zonen der Begegnung: Die Welcome-Bar liegt gleich gegenüber dem Empfang. Im Zentrum liegt die großzügige Meeting-Area mit Besprechungsräumen für jeden Anlass. Dann folgen, dicht gedrängt, die free addressable Workstations für die Office-Tätigkeit und einige Zellenbüros für konzentriertes Arbeiten.

Der New-Work-Arbeitsplatz wird im Desk-Sharing genutzt. Desk-Sharing heißt wörtlich: „Tisch-Teilung". Ein Arbeitsplatz wird mehrfach genutzt. Die Mehrfachbelegungsquote (Schreibtisch/Mitarbeiter) liegt bei 1:1,2 bei Nutzung in Zeiten von Urlaub und Krankheit und kann auf 1:10 steigen, wenn das Büro nur noch als Kommunikationszentrum genutzt wird. Mit Desk-Sharing ist oft eine Clean-Desk-Policy verbunden. Dann müssen beim Verlassen des New-Work-Arbeitsplatzes auch alle persönlichen Gegenstände mitgenommen werden: Das Prinzip „Leerer Schreibtisch" ist dann in seiner radikalsten Form realisiert. Die persönlichen Gegenstände „wandern" in den Caddy und werden beim nächsten Einsatz wieder hervorgeholt.

Ziel ist es, unter dem Druck der Globalisierung die Flächeneffizienz weiter zu erhöhen *und* durch verbesserte Arbeitsbedingungen mit motivierten Mitarbeitern die Produktivität der Büroarbeit zu steigern.

Besuchen Sie die Fachmesse in Köln

www.orgatec.de

2.4 Checkliste: Mein Arbeitsplatz

Wie sieht Ihre Lösung aus?

	Die Schwachstellen:	**Die Lösung:**
1	Wenn Sie morgens ins Büro kommen, liegen schon jede Menge Faxe, Briefe, Unterlagen auf Ihrem Schreibtisch bunt verstreut.	
2	Sie suchen oft Unterlagen oder Vorgänge, besonders bei eiligen Telefonaten?	
3	Sie werden bei der Arbeit am Bildschirm geblendet.	
4	Locher, Hefter oder Schere müssen Sie ständig suchen. Jeder bedient sich!	
5	Auf Ihrem Schreibtisch stapeln sich ständig Aktenberge, oft wochenlang.	
6	Sie mögen Ihren Schreibtisch nicht.	

3 Posteingang

3.1 Tageswert: Entscheiden in 5 Minuten!

Machen Sie den Posteingang nicht so nebenbei. Betrachten Sie ihn als eine in sich abgeschlossene Arbeitsroutine, die am Stück abgearbeitet wird, und zwar Schritt für Schritt. Ganz nach der Devise: Aufgaben bündeln, Abläufe optimieren. In manchen Firmen gibt es eine, in anderen bis zu drei Posteingangs-Routinen. Lassen Sie sich Zeit! Es macht Spaß, gut informiert zu sein. Und so geht's:

Alles, was Ihren Posteingang erreicht, ob Schriftstück (Papier) oder Dokument (PC), also Brief oder Fax oder E-Mail, bearbeiten Sie in einem festen Arbeitsgang, für den Sie sich täglich Zeit reservieren: Sie lesen quer und entscheiden, was damit zu tun ist. Dafür benötigen Sie pro Schriftstück oder Dokument – und sei es noch so lang – höchstens fünf Minuten; denn Sie müssen nur entscheiden:

- sofort wegwerfen?   **Tageswert**
- sofort weitergeben?

Zum Wegwerfen steht der Papierkorb griffbereit. Zum Weiterleiten gibt's den Ausgangskorb. Das machen Sie sofort, das brauchen Sie nicht aufzuschieben oder erst mal zur Seite zu legen. Mit eingescannten Dokumenten verfahren Sie entsprechend.

Ich kann mich nicht entscheiden!

Das passiert mit Zeitschriften, Katalogen, Infos, Einladungen, die man nicht wegwerfen möchte, man könnte sie ja noch brauchen! Da hilft eine Wegwerffrist. Die kann je nach Schriftstück zwischen einer Woche und drei Monaten liegen. Ist die Frist abgelaufen und Sie haben die Unterlagen nicht benötigt oder keine Zeit zum Lesen gehabt, dann ab in den Papierkorb. Mit der Zeit werden Sie entscheidungsfreudiger.

3.2 Prüfwert: Aufbereitung

Haben Schriftstücke die Hürde genommen und sind sie es wert, bearbeitet zu werden, so werden sie jetzt aufbereitet.

- sofort bearbeiten?   **Prüfwert**
- sofort auf Termin legen?

Während des Lesens bereiten Sie die Schriftstücke vor:

➤ Sie markieren interessante Textstellen

➤ Sie notieren wichtige Termine

➤ Sie informieren sich und andere durch Randnotizen

➤ Sie kennzeichnen mit Kürzeln wie A (= Ablage) oder R (= Rücksprache)

Nach dem Lesen ergänzen Sie Ihre Vorgangsakten:

➤ Ein Auftrag ist eingegangen, Sie fügen das Angebot bei

➤ Die Stellungnahme des Vertriebs ist eingetroffen. Wiedervorlage bereinigen, wenn auf Termin

➤ Eine Rechnung ist eingegangen, Sie vergleichen mit der Bestellung

Chefsekretariat

Wenn Sie in einer Sekretariatsfunktion arbeiten, so ist die Postkonferenz mit Ihrem Chef, Ihrer Chefin an dieser Stelle gut platziert. Das Chefgespräch ist Teil der Posteingangs-Routine. Hier wird über weitere Vorgehensweisen entschieden, werden gemeinsam Termine abgestimmt.

3.3   Prüfwert: Sofortaufgaben

Handeln Sie bei der Postbearbeitung sofort! Teilaufgaben sofort abschließen und umfassende Arbeiten sofort terminieren ist der Schlüssel zum reibungslosen Arbeitsablauf. Genießen Sie es, in kurzer Zeit so viel wie möglich vom Tisch zu bekommen:

- sofort bearbeiten?
- sofort auf Termin legen?

Prüfwert

Sofortaufgaben können sein:

➤ **Telefonieren**
  kurze telefonische Klärung von Sachverhalten

➤ **Terminieren**
  feststehende Termine im Terminplaner notieren
  Aufgaben in die Aufgabenliste übernehmen
  Unterlagen für die Wiedervorlage aufbereiten

➤ **Abstimmen**
  mit Kollegen, Kollegin oder Chef, Chefin auf Zuruf

➤ **Nachschlagen**
  Vergleiche ziehen, Begriffe klären, sich informieren

Brauchen Sie zum Lesen mehr Zeit, dann legen Sie auch die Lesearbeit auf Termin. Lesen, sich informieren, Bescheid wissen ist eine wichtige Aufgabe und Teil der Bearbeitung. Wollen Sie Zeitschriften im Ganzen aufbewahren, ist es geschickt, im Inhaltsverzeichnis den entsprechenden Artikel zu kennzeichnen. Oder Sie kopieren die passenden Seiten und legen eine thematische Dokumentation an, als Ordner oder als Mappe.

Übrigens

Schnelligkeit plus Zuverlässigkeit signalisiert Professionalität.

3.4 Prüfwert: Zuordnen

Alles, was Sie nicht als 5-Minuten-Job sofort erledigen können, das wird den Office-Werkzeugen zugeordnet: Aufgaben schreiben Sie in die Aufgabenliste, Termine in den Kalender. Und die Schriftstücke dazu – Unterlagen, Dokumente, Originale – bündeln Sie thematisch in der Platzablage, Ihrer Zwischenablage am Arbeitsplatz. Ideal sind Hängemappen (Elba, Leitz) oder Stehmappen (www.mappei.de) für die Loseblattablage. Die besten Voraussetzungen für einen „leeren" Schreibtisch. Wiedervorlagen legen Sie in Kopie oder mit Terminkarte in die Pultordner 1 – 12 und 1 – 31 zur Überwachung.

Die gesamte Systematik zeigt das folgende Schaubild:

Posteingangs-Routine Grundschema

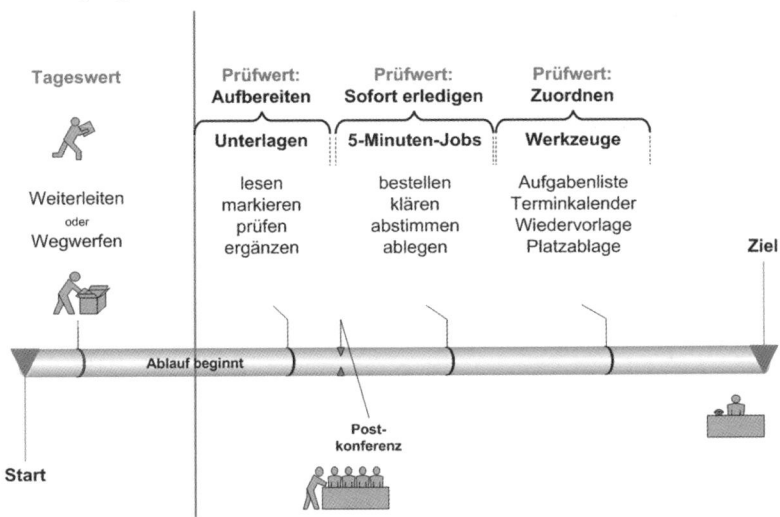

3.5 Posteingang E-Mail

Schnell ist sie, die elektronische Post. Wie also den Posteingang E-Mail organisieren? Muss man jede eingehende E-Mail sofort beantworten, wie sich die Absender dies wünschen? Produktivitätsexperten raten, nicht jedes Mal beim Eintreffen einer neuen Nachricht in den Posteingang zu schauen. Zeitsparender ist es, die E-Mails en block mit der Posteingangs-Routine abzuarbeiten, zwei- bis dreimal pro Tag. Erwartet wird, dass Sie E-Mails tagesfertig erledigen. Voraussetzung ist natürlich, dass Sie sich ca. 30 Minuten Zeit nehmen für eine Posteingangs-Routine. Routine deshalb, weil unterschiedliche Tätigkeiten zusammengeführt werden, um ein Ergebnis zu erhalten: Bescheid wissen.

Grundsätzlich gilt die Posteingangs-Routine für die E-Mails ebenso wie für die klassische Papierpost. Bei der Systematik des Vorgehens gibt es keinen Unterschied. Vor allem: Führen Sie die Posteingangs-Routine bei den E-Mails genauso gebündelt durch wie bei der Papierpost: Tageswert, Prüfwert, Aufbereiten, Sofortaufgaben, Zuordnen. Und: Schalten Sie die automatischen Signale ab.

MS Outlook. Extras/Optionen/E-Mail-Optionen/Erweiterte E-Mail-Optionen/Beim Eintreffen neuer Elemente im Posteingang/keine Häkchen.

Lotus Notes. Hier müssen Sie replizieren, um neue Mails zu erhalten und zu versenden. Sie können feste Zeiten für die Replizierung eingeben, aber auch individuell vorgehen mit Jetzt starten. Ansonsten: Datei/Vorgaben/Benutzervorgaben/Mail/Wenn neue Mail eingeht/keine Häkchen.

Haben E-Mails Tageswert oder Prüfwert? Die Antwort lautet: „Das kommt auf den Inhalt an!" Inhalte, die dem Tageswert entsprechen: Einladungen, Infos, Grüße, werden sofort zur Kenntnis genommen oder sofort weitergeleitet. Werbung wird sofort gelöscht, am besten über einen automatischen Spam-Filter, wie z. B. Norton Internet Security. E-Mails, die Sie vor einem gefährlichen Virus warnen, löschen Sie augenblicklich, und zwar permanent – eine solche Mail ist nämlich der Virus! E-Mail markieren, Umschalttaste drücken und gleichzeitig löschen.

Hat der Inhalt Prüfwert, z. B. die Bitte um Demo-Material, um ein Angebot, eine Reklamation, dann entscheiden Sie: „Sofort bearbeiten" oder „Sofort auf Termin legen", wie bei allen anderen Schriftstücken und Dokumenten des Posteingangs auch.

E-Mails Prüfwert: Aufbereitung

Sie können eine E-Mail nachträglich bearbeiten, z. B. die Projektnummer oder ein Stichwort in die Betreffzeile der geöffneten Mail einfügen (MS Outlook). Steht Ihr Eintrag am Anfang, können Sie danach sortieren. Oder Ihr Namens-Kürzel eintragen und damit Ihrem Kollegen oder Ihrem Chef signalisieren: „Das habe ich schon erledigt!" Sie können eine geöffnete E-Mail über Bearbeiten/Nachricht bearbeiten (MS Outlook)mit einem Vermerk versehen.

E-Mails aufbereiten mit dem Fähnchensymbol können Sie in beiden Systemen: Lotus Notes und MS Outlook (ab Version 6.5).

MS Outlook. Sie können über das Fähnchensymbol Wiedervorlagen setzen (Nachverfolgung) und persönliche Kommentare einfügen (Nachverfolgung überschreiben). Mit Re. Maus/Betreffzeile/Feldauswahl/Kennzeichnung/auf Betreffzeile ziehen können Sie Ihren Kommentar (Kennzeichnung) im Posteingang sichtbar machen. Ihre Wiedervorlage ist in jedem Falle auf der geöffneten Mail vermerkt.

Lotus Notes. Sie können über das Fähnchensymbol Wiedervorlagen setzen (Nachfassen) und persönliche Kommentare (Nachfassaktionen) einfügen. Zusätzlich können Sie die Wiedervorlagen nach drei Prioritätsstufen gliedern. Alle Wiedervorlagen erscheinen auf einem Klemmbrett, das Sie mit der Maus weit nach rechts öffnen können. Ihr Kommentar steht unter Aktion. Ihre Wiedervorlage ist in jedem Falle auf der geöffneten Mail vermerkt.

Sie können, um sofort zu erkennen, ob Sie Post vom Chef oder Vorstand haben, Mails einfärben.

MS Outlook. Extras/Organisationsoptionen/Farben verwenden/Farben übernehmen

Lotus Notes. Werkzeuge/Vorgaben/Mail/Markieren von Nachrichten

E-Mails Prüfwert: Sofortaufgaben

Wählen Sie hier die E-Mails aus, die Sie in maximal 5 Minuten bearbeiten können und machen Sie das auch. Sie können antworten, indem Sie sofort auf Antworten gehen. Wenn Sie das ein paarmal wiederholen, bekommen Sie die sogenannten Rattenschwanz-Mails. Das geht zwar schnell, der Vorgang bleibt nachvollziehbar, wenn Sie aber die Betreffzeile nicht bei jeder Antwort dem Inhalt der E-Mail anpassen, werden Sie es ganz schwer haben, diese Mail später wiederzufinden.

MS Outlook. Die Betreffzeile Ihrer Mail erhält den Zusatz AW:. Die E-Mail-Adresse des Absenders wird automatisch unter AN: eingetragen. Wenn Sie auf Weiterleiten gehen, bleiben Anlagen, die mit der Mail zugeschickt wurden, angehängt. Im Betreff erhalten Sie den Zusatz: WG:. Die E-Mail-Adresse für die Weiterleitung müssen Sie selbst einfügen. Korrespondieren Sie auf Englisch können Sie selbst einstellen: Extras/Optionen/E-Mail-Format/Internationale Optionen/Kopfzeilen von Antworten und Weiterleitungen in Englisch. Sie erhalten dann RE: bzw. FW:.

Lotus Notes. Antworten und Weiterleiten arbeitet wie MS Outlook. Anstatt AW: erhalten Sie Antwort. Internationale Einstellungen über Datei/Vorgaben/Benutzervorgaben/International.

E-Mails Prüfwert: Zuordnen

Das Zuordnen der Mails zu den Office-Werkzeugen Kalender, Aufgabenliste, Wiedervorlage ist in MS Outlook und Lotus Notes ein wahres Highlight. Über drag & drop können Sie sofort Ihren Kalender aktualisieren. Sie schieben mit gedrückter linker Maustaste die E-Mail auf die Schaltfläche Kalender im Navigationsbereich. Aus der E-Mail wird ein Termin, den Sie weiter bearbeiten können. Die Betreffzeile der Mail wird die Betreffzeile des Termins. Die „eigentliche" E-Mail bleibt im Posteingang und kann zum Vorgang in die entsprechenden Ordner abgelegt werden. Auf die gleiche Weise können Sie aus einer E-Mail eine Aufgabe machen oder eine Notiz. Oder auch aus einer Notiz eine E-Mail.

Nach der Posteingangs-Routine ist Ihr Posteingang tatsächlich leer. Sie wissen Bescheid und haben alles auf den Weg gebracht. Wie Sie mit Terminen und Aufgaben in MS Outlook und Lotus Notes umgehen, steht im Kapitel 6.

Diese Posteingangs-Routine beschreibt die prinzipielle Vorgehensweise, um Bescheid zu wissen. Umfasst Ihr Posteingang locker 300 Mails täglich, so brauchen Sie weitere organisatorische Unterstützung durch Zwischenablagen. Lesen Sie Kapitel 13.3.

3.6 Checkliste: Die Post ist da

Wie sieht Ihre Lösung aus?

	Die Schwachstellen:	Die Lösung:
1	Sie drucken morgens erst mal alle E-Mails aus. Ihr Chef, Ihre Chefin möchte das so.	
2	Sie legen Ihrem Chef die gesamte Eingangspost zur Durchsicht vor. Er sortiert selbst aus. Dazu benötigt er täglich 1 Stunde.	
3	Unterlagen, die Sie nicht betreffen, leiten Sie an interessierte Kollegen weiter, das hat aber Zeit.	
4	Wenn Sie den Posteingang erst einmal durchgesehen haben und wissen, was so passiert ist, durchforsten Sie die Unterlagen nach wichtigen Terminen.	
5	Sie machen den Posteingang, wenn mal Zeit ist. Das kann also dauern.	
6	Sie wissen, wo alles liegt. Das genügt.	

4 Termine

4.1 Terminkalender

Besprechungstermine, Bearbeitungstermine, Zahlungstermine, Geburtstage und Jubiläen, Messetermine, persönliche Termine, Ihr Urlaub: Termine! Es findet etwas statt und es ist für Sie von Bedeutung! Mit Datum, Uhrzeit und Zeitbedarf wird aus jeder Aktivität ein Termin! Termine sind vorgegeben oder werden von Ihnen gesetzt. Mit einer guten Terminverwaltung haben Sie Ihr Office im Griff.

Für die Arbeit mit Terminen wird in vielen Büros – immer noch – der klassische Tischkalender als Übersicht eingesetzt.

Terminkalender für Wochentermine mit Bemerkungsspalte

	Bemerkungen		Bemerkungen		Bemerkungen		Bemerkungen		Bemerkungen		Bemerkungen
			Geburtstag Maria		Reise Frankfurt vorbereiten		Protokoll bis 22.10. fertig				
	Montag 18.10.		**Dienstag 19.10.**		**Mittwoch 20.10.**		**Donnerstag 21.10.**		**Freitag 22.10.**		**Samstag 23.10.**
9:00 Uhr											
10:00 Uhr					· Teamsitzung						
11:00 Uhr					· R. 220						
12:00 Uhr	· Steuerberater										
13:00 Uhr											
14:00 Uhr											Sonntag 24.10.
15:00 Uhr											
16:00 Uhr											
17:00 Uhr											
18:00 Uhr											

Terminkalender mit Bemerkungsspalte sind sehr vorteilhaft. Dort können Sie Geburtstage vermerken, an die Sie denken möchten, Sie können Telefonate eintragen mit Telefonnummer, die wichtig sind an diesem Tag, und Sie können vormerken, wann Sie zum Beispiel mit Spezialaufgaben beginnen müssen, um termingerecht fertig zu sein. Allerdings: Der Platz ist begrenzt. Interessanterweise findet sich eine solche Bemerkungsspalte wieder im Kalender von MS Outlook 2007 – als neues Layout!

4.2 Termine setzen

Alternativen vorschlagen

Termine, die Sie beeinflussen können, z. B. das Gespräch mit dem Steuerberater, schlagen Sie selbst vor; denn Sie kennen Ihren Terminkalender! Nennen Sie immer zwei Möglichkeiten: „Am Freitag, den 22. Oktober oder lieber am Montag, den 18.?" Der 18. liegt für Sie besser, deshalb nennen Sie ihn als letzte Möglichkeit. Das Ende einer Nachricht bleibt besser im Gedächtnis haften. Klären Sie auch den Zeitbedarf: „Wie lange werden wir brauchen?" Bitte ändern Sie einmal gesetzte Termine nur in ganz dringenden Fällen.

Ich muss fertig sein am …?

Wenn feststeht, wann eine Aufgabe fertig sein muss, Sie aber nicht wissen, wann Sie mit der Aufgabe beginnen müssen, rechnen Sie von hinten nach vorn, um zu erkennen: „Wann muss das Protokoll fertig sein (am 22.10.)? Wie lange brauche ich (drei Stunden)? Was kommt noch dazu (eine Stunde)? Dann muss ich also spätestens am 21.10. anfangen!"

Regelmäßige Termine

Regelmäßige Termine wie Sitzungen der Geschäftsführung, Regeltermine anderer Abteilungen, Teamsitzungen, Qualitätszirkel oder

Jahrestermine (Urlaub, Geburtstage, Jubiläen) tragen Sie ein, bevor Sie an Ihre eigene Terminplanung gehen. So schaffen Sie einen Terminrahmen, innerhalb dessen Sie planen können.

So setzen Sie Termine für sich und andere:

	Vorgang	**Leitfrage**
• Alternativen vorschlagen	Sie schlagen zwei Termine zur Auswahl vor, die für Sie günstig sind.	Am Freitag oder lieber am Montag?
• Ich muss fertig sein am ...	Sie rechnen vom Fertigstellungsdatum rückwärts.	Wann muss ich beginnen, um rechtzeitig fertig zu sein?
• Regelmäßige Termine	Sie tragen die regelmäßigen Termine zuerst ein.	Welche festen Termine gibt es bei uns?

Wie eintragen?

Wenn Sie im Terminkalender den Zeitbedarf eines Termins vermerken und die vergebene Zeit blocken, vermeiden Sie Doppelbelegungen. Fragen Sie daher immer nach: „Wie lange wird es voraussichtlich dauern?" Günstig ist es, zusätzlich eine Telefonnummer zu notieren, unter der Sie – im Falle einer kurzfristigen Änderung – informieren können, oder im Falle eines Meetings die Raumnummer. So können Sie bei Nachfragen sofort Auskunft geben. Nehmen Besucher teil, hat es sich bewährt, nicht nur die Namen mit Telefonnummer zu vermerken, sondern auch den Grund des Besuches.

Ebenso bewährt hat es sich, den Terminkalender mit Bleistift zu führen. Wie viele Änderungen laufen täglich ein – auch bei noch so guter Planung! Welch ein Chaos kann das auf dem Terminkalender hinterlassen. Bleistift und Radiergummi sind wunderbare Helfer für die Übersicht.

So tragen Sie Termine in den Terminkalender ein:

	Vorgang	Leitfrage
• Zeitbedarf blocken	Sie markieren belegte Zeiten mit einem senkrechten Strich	So lange wird es dauern!
• Telefonnummer nicht vergessen	Sie notieren eine passende Telefonnummer, falls etwas dazwischen kommt	Wen muss ich bei Problemen informieren?
• Raumnummer notieren	Bei Sitzungen schreiben Sie auch die Raumnummer dazu, zur Erinnerung	In welchem Raum findet die Sitzung statt?
• Besucher	Name und Grund des Besuchs eintragen	In welcher Angelegenheit?

4.3   Termine abstimmen

Wenn Sie für mehrere Personen einen Termin koordinieren wollen, dann ist diese Übersicht hilfreich:

Teamsitzung Finanzen IV. Quartal

	Terminvorschläge			
Teilnehmer:	Fr 15.10.	Mo 18.10.	Mi 20.10.	Do 21.10.
Herr Heinrich		x	x	
Maria Wagner	x		x	
Karin Schmidt		x	x	x
Herr Dr. Steinmeyer			x	x

Sie legen verschiedene Termine zur Auswahl fest und fragen bei den Teilnehmern alle Vorschläge telefonisch ab. Der Termin, den alle wahrnehmen können, siegt. Eine Alternative bieten die elektronischen Besprechungsanfragen nur, wenn alle Beteiligten dasselbe System nutzen und auch pflegen.

Terminabstimmung mit dem Chef, der Chefin

Als Assistent oder Assistentin der Geschäftsleitung führen Sie in der Regel zwei Terminkalender: einen für den Chef, die Chefin und einen für sich selbst. Dabei ist es ganz wichtig, dass Sie die Termine täglich – auch mehrmals – gemeinsam abgleichen. Das ist nicht nur ein Muss, das kann auch ein sehr schönes Ritual werden. Denn es macht beide erfolgreicher.

Haben Sie mehrere Chefs, was allzu häufig vorkommt, so führen Sie für jeden einen eigenen Terminkalender. Hoffentlich benutzen alle dasselbe System – oder ein sehr ähnliches.

Chefentlastung gelingt, wenn Sie als Assistent oder Assistentin der Geschäftsleitung die Verantwortung für die Termine übernehmen – d. h. Sie haben die Terminhoheit: Sie vergeben die Termine selbstständig. Ihr Chef, die Chefin steckt dazu die Rahmenbedingungen ab. So wachsen Sie in eine verantwortungsvolle Vertrauensposition hinein. Ihre Arbeit wird wertgeschätzt.

Was Sie mit dem Terminkalender nicht machen können

Wie bereiten Sie sich auf Termine vor, z. B. das Gespräch mit dem Steuerberater am 18.10. um 12:00 Uhr? Wo planen Sie das in Ihrem Terminkalender ein? Wie stellen Sie sicher, dass alle Unterlagen zusammengestellt sind, dass die Fragestellung durchdacht ist, damit die Besprechung auch in einer Stunde erfolgreich ablaufen kann?

Aufgabenplanung ist mit einem Terminkalender nicht möglich. Dazu ist einfach zu wenig Platz. Sie werden sagen: „Das habe ich im Kopf, das weiß ich!" Was aber, wenn Sie mehrmals am Tag solche

Sitzungen vorbereiten müssen? Oder wenn es sich um eine ganz besonders wichtige Sitzung handelt? In solchen Fällen sind Terminplaner richtig. Mit einem Terminplaner – elektronisch oder Papier – können Sie Ihre Termine managen, d. h. Sie führen Termine und Aufgaben im Kalender zusammen. Wie das geht steht im Kapitel 5.

4.4 Checkliste: Achtung Termin!

Wie sieht Ihre Lösung aus?

	Die Schwachstellen:	Die Lösung:
1	Sie schreiben Ihre Termine alle auf – auf Zettel. Zettel, wohin man schaut.	
2	Sie können Ihre Termine einfach nicht einhalten. Es ist zu viel los.	
3	Ihr Chef hat seinen Terminplaner, Sie aber benutzen den Terminkalender. Sie sollen seine Termine abstimmen.	
4	Sie machen zwar Termine und tragen auch alles genau ein. Aber keiner hält die Termine ein.	
5	Ständig werden Termine verschoben. Ihr Terminkalender sieht ziemlich schlimm aus.	
6	Terminkalender werfen Sie immer Ende des Jahres weg. Dann hat sich das doch erledigt.	

5 Terminmanagement

Das professionelle Terminmanagement erfolgt über den Terminplaner, auch Agenda genannt. Wenn Sie viele Termine und viele verschiedenartige Aufgaben zu koordinieren haben, ist der Terminplaner von großem Vorteil. Die Verzahnung von Terminen und Aufgaben lässt sich in einem Terminplaner besser organisieren. Solch ein Planungs- und Kontrollsystem unterstützt Sie dabei, die richtigen Aufgaben zur richtigen Zeit zu erledigen. So haben Sie mehr Erfolg und mehr Freude an der Arbeit.

Ein Terminplaner besteht aus mehreren Komponenten:

Kalender	Aufgaben	Adressen	Notizen
Jahr Monat Woche Tag	A B C	www.de	Ideen Memos Pläne

Dazu gehören:

➤ **Kalender**
   Jahr, Monat für die Grobplanung
   Woche, Tag für die Feinplanung

➤ **Aufgaben**
   auch To-do-Liste oder Aktivitäten-Checkliste genannt, je nach Planungssystem. Hier listen Sie Ihre Aufgaben auf, die noch nicht terminiert sind.

> **Adressen**
> für die schnelle Erreichbarkeit

> **Notizen**
> Ideen, Memos, Pläne – damit nichts vergessen wird

Denn der Terminplaner ist dazu da, Ihren Kalender, Ihre Aufgabenliste, Ihre Telefon- und Adressenliste und wichtige Informationen und Notizen in einem Buch zu vereinen, das Ihnen helfen soll, über alle Ihre unfertigen Arbeiten, Aufgaben und Projekte die Kontrolle zu behalten. Am besten geht das elektronisch. Das steht im Kapitel 6, und zwar mit Beispielen aus MS Outlook und Lotus Notes.

Aufgaben und Termine

Was genau sind Aufgaben? Wie unterscheiden sie sich von Terminen? Aufgaben sind bekannt und müssen von Ihnen erledigt werden. Nicht bekannt ist der Zeitpunkt. Termine haben bereits ein festes Datum und eine bestimmte Uhrzeit. Im Terminmanagement geht es nun darum herauszufinden, wie die Aufgaben in das vorhandene Zeit- und Termingefüge eingepasst werden können. Deshalb muss der Zeitbedarf für Aufgaben und für Termine im Voraus geschätzt werden. Wenn Sie den Tagesplan erstellen, entscheiden Sie mithilfe von Prioritäten, was an diesem Tag Sache ist.

5.1 Schritt für Schritt zum Tagesplan

Hier hat sich die Alpenmethode bewährt. Nachzulesen bei Lothar J. Seiwert, Das neue 1x1 des Zeitmanagement, Gräfe und Unzer, 2007. Wenn Sie Ihre Aufgaben und Termine in der Reihenfolge A-L-P-E-N planen, gehen Sie mit Ihrer Zeit professionell um, Sie planen schrittweise und nichts wird vergessen. Hier die einzelnen Schritte im Überblick:

- **Die Alpenmethode**

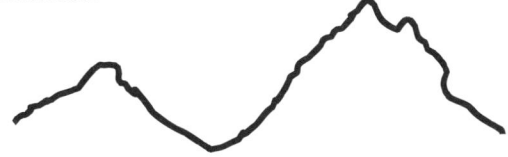

- **A** Aufschreiben: Alle Aufgaben und Termine
- **L** Listen Sie auch die Länge auf
- **P** Planen Sie Pufferzeiten ein
- **E** Entscheiden Sie nach Prioritäten
- **N** Nutzen Sie die Nachkontrolle

1. Schritt

- **Die Alpenmethode**

- **A** Aufschreiben: Alle Aufgaben und Termine

Aufgaben	Wann?
Teamsitzung	20.10.
Protokoll Teamsitzung	bis 22.10.
Reise vorbereiten	bis 20.10.

Haben Sie viele verschiedene Aufgaben und Termine zu erledigen oder zu koordinieren, dann hilft eine Aufgabenliste. Sie schreiben die Aufgaben fortlaufend auf, wie sie kommen. So wird bei der täglichen Terminplanung nichts vergessen! Solch eine Aufgabenliste können Sie einem Terminplaner entnehmen oder selbst am PC erstellen und fortlaufend führen. Statt alles auf einen Stapel „Erledigen" zu legen oder dekorativ auf dem Schreibtisch zu verteilen, ist es Erfolg versprechender, diese Liste aller unerledigten Aufgaben anzulegen.

Einfache Aufgabenliste

ABC	Aufgaben	Wann?	Wie lange?	OK ✔

Damit haben Sie die volle Übersicht und Kontrolle über Ihre Arbeit. Es geht viel schneller, eine Liste zu überfliegen, als Stapel zu durchwühlen. Außerdem entlastet eine schriftliche Aufgabenliste Ihr Gedächtnis.

Die Aufgabenliste ersetzt die vielen fliegenden Zettel.

Eine einfache Variante ist das Aufgabenbuch oder die Kladde, die von vielen Mitarbeiterinnen und Mitarbeitern in Büro und Sekretariat eingesetzt wird. Die Buchform hat den Vorteil, dass nichts verloren geht. Auch lassen sich auf diese Weise Aufgaben zurückverfolgen. So entsteht eine aussagefähige Dokumentation Ihrer Arbeit.

2. Schritt

Die Länge der Aufgaben und Termine im Voraus zu schätzen ist äußerst wichtig, wenn man eine Chance haben will, mit der vorhandenen Zeit auch auszukommen.

Diese Schätzungen können Sie jederzeit, wenn sich eine neue Situation ergibt, ändern. Zunächst sind sie ein Anhaltspunkt. Übrigens: Auch wenn Sie sich für ein Aufgabenbuch oder Kladde entschieden haben, so vermerken Sie dort auch den geschätzten Zeitbedarf für die Aufgabe. So planen Sie professionell.

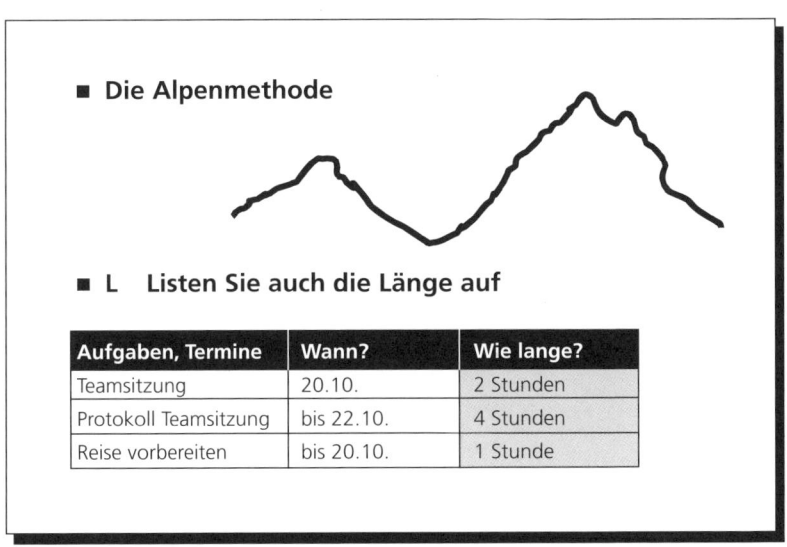

- **Die Alpenmethode**

- **L   Listen Sie auch die Länge auf**

Aufgaben, Termine	Wann?	Wie lange?
Teamsitzung	20.10.	2 Stunden
Protokoll Teamsitzung	bis 22.10.	4 Stunden
Reise vorbereiten	bis 20.10.	1 Stunde

Meistens unterschätzt man den Zeitbedarf. Überlegen Sie, wie lange Sie für die Aufgabe benötigen werden und rechnen Sie dann einfach die Hälfte dazu. Wenn Sie glauben, die Aufgabe dauert zwei Stunden, dann rechnen Sie drei. Passen Sie nach und nach Ihre Zeitangaben der Realität an.

Wenn Sie sich für die Erledigung einer Aufgabe einen festen Zeitrahmen setzen, werden Sie die Aufgabe auch eher in dieser Zeit abschließen. Planen heißt schnell beenden! Manche Chefs nutzen das auch aus: Sie erhöhen das Arbeitsvolumen bei gleichem Zeitbedarf. „25 % Steigerung werden erfahrungsgemäß verkraftet", meint ein Chef.

3. Schritt

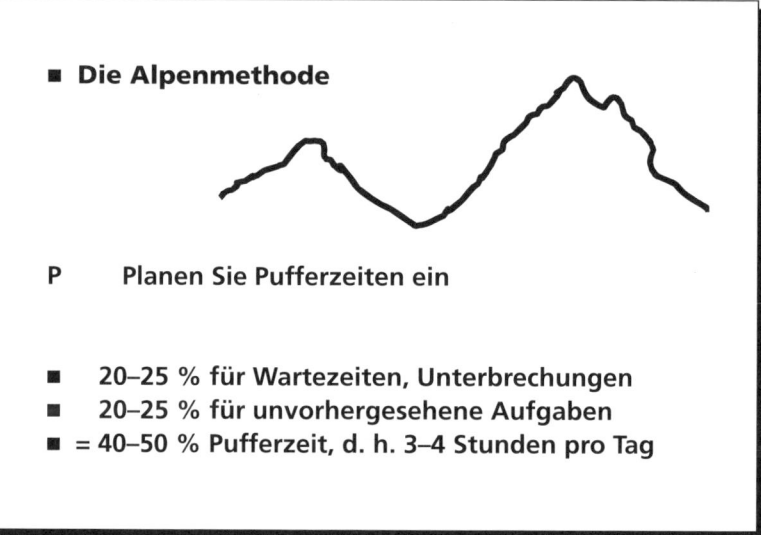

- **Die Alpenmethode**

P   Planen Sie Pufferzeiten ein

- 20–25 % für Wartezeiten, Unterbrechungen
- 20–25 % für unvorhergesehene Aufgaben
- = 40–50 % Pufferzeit, d. h. 3–4 Stunden pro Tag

Denken Sie an Pufferzeiten. Verplanen Sie nicht mehr als 50–60 % Ihrer Arbeitszeit. 20–25 % halten Sie für Wartezeiten oder Unterbrechungen frei. Weitere 20–25 % für unvorhergesehene Aufgaben, weil z. B. noch Zusatzinformationen nötig werden, oder für kreative Zeiten. Für einen 8-Stunden-Tag gelten 3–4 Stunden Pufferzeit.

Um Missverständnissen vorzubeugen: Auch Pufferzeit ist Arbeitszeit. Nur: Sie ist noch nicht verplant! Wird die Pufferzeit nicht benötigt, weil alles reibungslos verlief, ist endlich Zeit für die vielen Aufgaben, zu denen man nie kommt: Einen wichtigen Artikel lesen, sich mit der Kollegin austauschen, die Ablage auf Vordermann bringen, sich mit PowerPoint weiterbringen usw. Sinn der Pufferzeit ist es, ausreichend Ruhe und Konzentration für die wichtigen Aufgaben zu haben, denn nur so gelingen sie.

Mehr Pufferzeit

Wenn Sie in einer Sekretariatsfunktion arbeiten, kommen Sie mit 40–50 % Pufferzeit nicht aus. Wenn Sie morgens nicht wissen, was der Tag bringt, oder ununterbrochen „springen" müssen – also eher fremdbestimmt arbeiten –, dann rechnen Sie am besten mit bis zu 80 % Pufferzeit. Ihre eigenen Aufgaben wie z. B. Protokolle oder redaktionelle Aufgaben oder Sachbearbeitung dürfen dann aber durchschnittlich nicht mehr als 20 % der täglichen Arbeitszeit einnehmen. Das sind bei einem 8-Stunden-Tag 1,6 Stunden. Wenn Sie Schwierigkeiten haben, Fremdaufgaben (vom Chef, von Kollegen) und Eigenaufgaben (aus eigenverantwortlicher Tätigkeit) unter einen Hut zu bekommen, dann erstellen Sie ein Aufgabenprotokoll, um Ihre Schwachstellen zu erkennen. So sind Sie gut gerüstet für ein Gespräch mit Ihrem Chef. Wie das geht, steht in Kapitel 8 Selbstmanagement.

4. Schritt

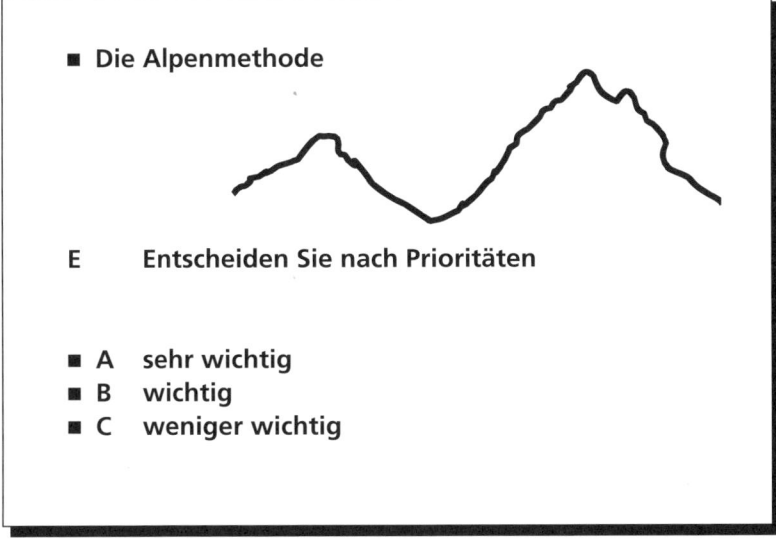

- **Die Alpenmethode**

E   Entscheiden Sie nach Prioritäten

- A   sehr wichtig
- B   wichtig
- C   weniger wichtig

Die wichtigste Planungsaufgabe im Terminmanagement besteht darin, den Aufgaben Prioritäten zuzuweisen. Dabei geht Wichtigkeit vor Dringlichkeit. Was ist sehr wichtig? Was ist wichtig? Was ist weniger wichtig? Sicher kennen Sie den Spruch: „Das ist ganz eilig, das muss sofort raus". Sind „eilig" und „wichtig" dasselbe? Gibt es eilige und wichtige Aufgaben? Präsident Eisenhower wird zugeschrieben, beide Komponenten in Beziehung gesetzt zu haben. Kombiniert man die Komponenten „wichtig" (im Sinne von „bedeutend") und „dringlich" (im Sinne von „eilig" oder „termingebunden"), so ergeben sich die Prioritäten A, B und C:

Prioritäten ABC

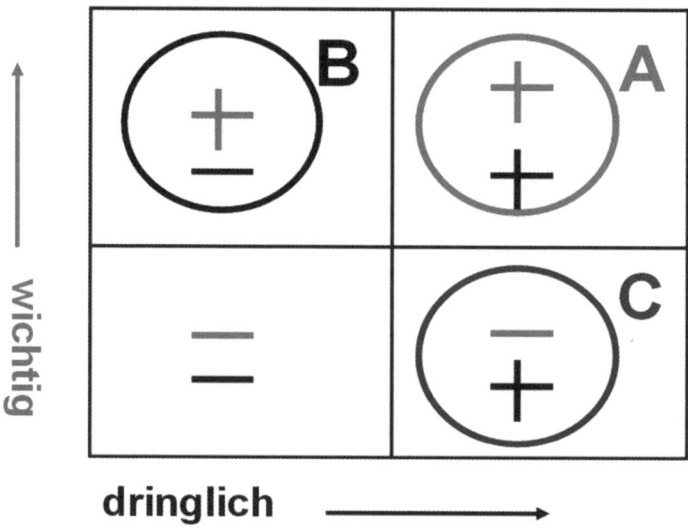

„Das ist ganz eilig, das muss sofort raus" hätte also „nur" Priorität C, wäre „weniger wichtig". Lediglich der Zeitaspekt „dringlich" wird angesprochen. Aufgaben, die Geld bringen, also bedeutend *und* zeitlich gebunden sind, haben Priorität A: Ein Angebot zu einem festen Stichtag erstellen, einen Kunden sofort zufriedenstellen, ein Projekt bis zum 30. garantiert abschließen. Diese Aufgaben sind „sehr wichtig". Die Priorität B bedeutet „wichtig", d. h. kein Zeitdruck, aber bedeutend. Soweit die klassische Einteilung der Prioritäten nach dem Eisenhower-Prinzip.

Stephan Covey, „Der Weg zum Wesentlichen" Campus, 2007 – seit vielen Jahren ein Klassiker des Zeitmanagement – geht mit seiner vierten Generation des Zeitmanagement weiter. Erfolgreich sind diejenigen Manager, die wenig Aufgaben der Priorität A erledigen, aber viele Aufgaben der Priorität B. Wie schaffen es diese Manager, dem Zeitdruck zu entgehen und dadurch sehr erfolgreich zu sein?

Nach Covey bedeutet Priorität A „Feuerwehr", d. h. Hektik, Trouble-Shooting, Last-Minute-Aktionen und eben nicht „sehr wichtig" sein. Priorität C bedeutet „Routine". Posteingangs-Routine, leerer Schreibtisch, Telefonate, Mails, kurz die allgemeine Tagesroutine. Priorität B bedeutet „Strategie". Sie sorgt für Kontinuität, vermeidet Engpässe, sorgt für Planung, Aufgaben der Priorität B verringern die Hektik am Arbeitsplatz und sie strukturieren das Tagesgeschäft. Die Zeit für die B-Aufgaben holt man sich durch Standardisierung der C-Aufgaben. Ergebnis ist die Vermeidung von A-Aufgaben.

Aufgaben mit Prioritäten 4. Generation Zeitmanagement   Stand 20.10.

ABC	Aufgaben	Wann?	Wie lange?	OK
C	Protokoll der Teamsitzung	bis 22.10.	4 Stunden	✔
C	Bücher bestellen	bis 30.10.	1/2 Stunde	✔
A	Reise Frankfurt vorbereiten	bis 20.10.	1 Stunde	✔
B	Aktenplan erstellen Phase 1	bis 05.11.	2 Stunden	

✔ = wurde in den Tagesplan 20.10. übernommen

5. Schritt

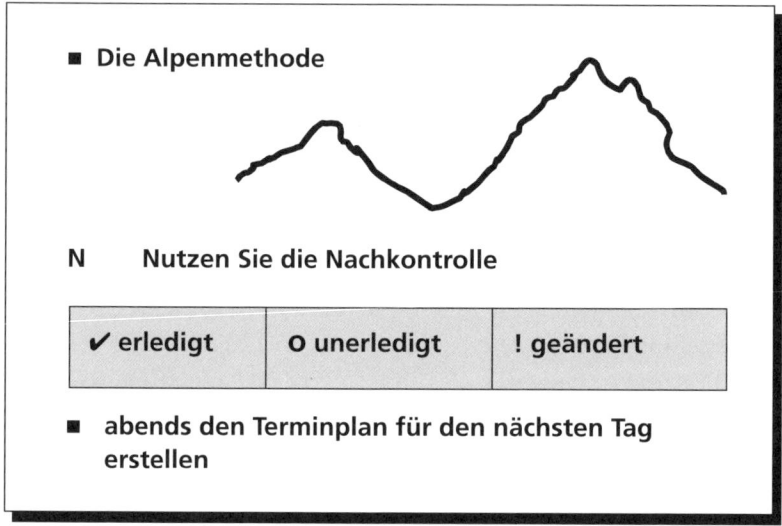

Gönnen Sie sich zum Feierabend zehn Minuten Zeit für den Tagesrückblick: „Wie erfolgreich war dieser Tag? Habe ich meine Aufgaben gelöst?" „Was war mein größter Erfolg?" „Was gab es für Hindernisse?" „Was darf mir nicht mehr passieren?"

Mit dem Tagesrückblick haken Sie erledigte Termine ab, tragen (noch) unerledigte Aufgaben oder geänderte Termine auf den entsprechenden Tagesplan vor und strukturieren auf diese Weise den neuen Tag.

6. Schritt

Der Tagesplan besteht aus einem Tageskalender mit Uhrzeit für Termine (links) und einem Aufgabenblock ohne Termine (rechts).

Aufgabenblock

- **Kontakte**
  kurze Vorgänge des laufenden Tagesgeschäftes
  ✉ schriftlich (Post, Fax, E-Mail) oder
  ☎ mündlich (Telefon, Sprach-Box)

- **Aufgaben**
  mit Prioritäten (A, B, C) und Zeitbedarf

- **Privat**
  zur Integration von Beruf und Privatleben

- **Tagesziel**
  zur Reflexion und Nachkontrolle

Im Tagesplan laufen Termine und Aufgaben zusammen. Die Verbindung von Aufgabenliste und Kalender gibt Ihnen genügend Spielraum, Ihre Arbeit konsequent zu planen, weil Sie erledigte und unerledigte Aufgaben gut überblicken können.

Der Tagesplan erfasst alles, was an diesem Tag getan werden soll: Termine mit Uhrzeit und Zeitbedarf, Aufgaben mit Priorität und Zeitbedarf. Dennoch: Ein Tagesplan sollte realistisch sein und nur das aufführen, was Sie unter normalen Umständen auch schaffen können.

Ein Tagesplan motiviert auch, die Dinge wirklich zu erledigen und dazu Prioritäten einzusetzen. Und: Ihren Tagesplan dürfen Sie auch immer wieder ändern, wenn die Situation es erfordert.

Terminmanagement

Tagesplan Momentaufnahme 20. 10. Stand 12:00 Uhr

🕐		Termine	OK ✓	✉	☎	Kontakte	OK ✓
08	■ ■	Stille Stunde	✓		x	Thalia 30 20-57 10 Preise Bücher	
09					x	Finanzamt Fristverlängerung	
10	■ ■	Teamsitzung wg. Finanzen IV	✓				
11	■ ■	Raum 220	✓				
12							
13							
14				ABC	Zeit	Aufgaben	
15				A	1 St.	Reise Frankfurt vorbereiten	✓
16				B	4 St.	Protokoll Teamsitzung	
17							
18	■	Tagesplan für 21.10.					
19						**Privat**	
20							
21						**Tagesziel**	
22						Prima Team!	

✓ = Die Aufgabe „Reise Frankfurt vorbereiten" wurde zu einem Termin
 (20.10., 08:00-09:00 Uhr) und ist um 12:00 Uhr bereits erledigt.
✓ = Die Teamsitzung hat ordnungsgemäß stattgefunden.

Zu unserem Beispiel:

Im Tagesplan vom 20. Oktober sind eingetragen:

> **als Termin**
>
> Die Teamsitzung zum Thema Finanzen IV. Quartal in Raum 220 findet von 10:00–12:00 Uhr statt. Der Zeitrahmen ist geblockt

> **als Aufgaben**
> mit Priorität A die Reisevorbereitung Frankfurt, Zeitbedarf eine Stunde; mit Priorität B das Protokoll der Teamsitzung, Zeitbedarf vier Stunden

> **als Kontakt**
> Telefongespräch mit der Buchhandlung Thalia, um Preise zu erfragen; ein Brief an das Finanzamt zur Fristverlängerung

Die Momentaufnahme um 12:00 Uhr zeigt:

> dass die Teamsitzung stattgefunden hat, sie ist abgehakt

> dass die Reisevorbereitung für Frankfurt mit Priorität A in der stillen Stunde, bevor alle Mitarbeiter morgens an ihrem Platz waren, termingerecht erledigt werden konnte. Die wichtigste Aufgabe des Tages wurde hier in die ersten Stunden des Arbeitstages gelegt. Die stille Stunde ist ideal, um Aufgaben zu erledigen, die Konzentration und Zuwendung benötigen. Sie machen also einen Termin mit sich selbst. Konsequenterweise sind Sie dann für andere nicht zu sprechen

> dass die Kontakte noch nicht erledigt sind, dazu war bis 12 Uhr noch keine Zeit. Sie sind noch nicht abgehakt

> dass das Protokoll der Teamsitzung mit Priorität B auch noch nicht fertig ist. Vielleicht kann es im Laufe des Nachmittags begonnen werden und der Rest folgt dann am nächsten Tag

Zur Erinnerung:

Abgabetermin ist der 22.10. Es hat also noch Zeit. Wenn am Abend der Tagesplan für den 21.10. erstellt wird, wird die Aufgabe „Protokoll erstellen" mit einem Kreis o markiert und auf den 21.10. vorgetragen. Sollte am 21.10 wieder keine Zeit sein, das Protokoll fertig zu stellen, dann wird es auf den 22.10. vorgetragen. Dann bekommt es aber Priorität A, denn am 22.10. ist Abgabetermin. Sehr wahrscheinlich muss dann die stille Stunde bemüht werden, um den Termin auch tatsächlich zu halten.

Historie

So entsteht eine Historie der Aufgaben, die sich in den Tagesplänen ablesen lässt. Das ist auch eine Dokumentation Ihrer geleisteten Arbeit.

Termine mit sich selbst

Ist Ihnen aufgefallen, dass die Termine zwei unterschiedliche Blockierungen haben? Tatsächlich unterscheidet man bei Terminen solche, die von außen kommen und solche, die man mit sich selbst macht.

Das Geheimnis des Zeitmanagement ist es, dass man sich selbst auch wichtig nehmen darf. Es ist also nicht ungewöhnlich, mit sich selbst einen Termin zu machen. Es ist geradezu notwendig, wenn man eigene Aufgaben zu planen und zu erledigen hat.

> **Goethe an Schiller 1798**
>
> „Bei dem vielen Zeug, das ich vorhabe, würde ich verzweifeln, wenn nicht die große Ordnung, in der ich meine Papiere halte, mich in den Stand setzte, zu jeder Stunde überall einzugreifen, jede Stunde in ihrer Art zu nutzen und eines nach dem anderen vorwärts zu schieben."

5.2 Wiedervorlage

Mit der Wiedervorlage überwachen Sie Vorgänge „auf Termin". Die Wiedervorlage ist ein Überwachungsinstrument. Zu einem bestimmten Termin werden Dokumente oder Schriftstücke noch einmal vorgelegt. Dann wird entschieden, was damit zu tun ist. Die Wiedervorlage ist mit einer terminierten Zwischenablage zu vergleichen. Die Dokumente ruhen „auf Termin", bis der nächste Bearbeitungsschritt möglich wird.

Termine überwachen, die andere einhalten sollen

Die statistischen Auswertungen für den Geschäftsbericht, den Sie fertigstellen sollen, wurden Ihnen bis zum 21. Oktober zugesagt. Sie legen eine Kopie dieser Notiz auf Termin: 21. Oktober. Sind die Unterlagen nicht pünktlich da, fassen Sie nach.

In dringenden Fällen, wenn ein Ausweichtermin nicht mehr möglich ist, der 21. Oktober also unbedingt eingehalten werden muss, ist es klug, die Frist um zwei bis drei Tage vorzuverlegen – also die Wiedervorlage auf den 18. oder 19. Oktober zu legen, um dann den Mitarbeiter freundlich an den Abgabetermin zu erinnern.

Termine überwachen, die Sie selbst einhalten wollen

Sie haben ein Memo verfasst und warten auf Antwort bis zum 10. November. Sie legen eine Kopie des Memos auf Termin: 10. November.

Oder: Sie haben am 20. Oktober ein Angebot abgegeben und wollen sicher sein, dass Sie den Auftrag bekommen. Sie legen eine Kopie des Angebotes für den 3. November auf Termin. (Das Original bleibt in der Akte!) Am 3. November fassen Sie nach. Erreichen Sie den Geschäftspartner nicht, weil er erst am 5. November von einer Dienstreise zurückkommt, legen Sie die Angelegenheit für den 5. November wieder auf Termin usw. So steuern Sie die zeitliche Überwachung des Ablaufs.

Unterlagen mit Fälligkeit

Mit der Wiedervorlage können Sie Unterlagen, die ein bestimmtes Fälligkeitsdatum haben, auf Termin legen: Eintrittskarten, Flugtickets, Zahlungsbelege zum Beispiel. Hier zwei Situationen:

Sie sind zu einer Präsentation für den 22. Oktober eingeladen. Das Einladungsschreiben (es dient als Eintrittskarte) legen Sie für den 22. Oktober auf Termin. So werden Sie daran erinnert, es auch mitzunehmen.

Damit Sie wichtige Zahlungstermine am 28. Oktober nicht verpassen, legen Sie die Zahlungsbelege auf Termin: 28. Oktober. So haben Sie an diesem Tag alle Unterlagen vorliegen und können ohne langes Suchen überweisen.

Die Form der Wiedervorlage

Für die Wiedervorlage in papiergebundener Form benötigen Sie passende Ordnungsmittel. Prüfen Sie, was für Ihre Aufgaben am besten passt:

Pultordner

Wie der Name sagt, liegen Pultordner auf dem Schreibtisch oder griffbereit neben dem Schreibtisch. Sie benötigen zwei Pultordner: einen mit der Einteilung 1–31 für die Kalendertage eines Monats und einen zweiten Pultordner mit der Einteilung 1–12 für die Monate des Jahres. Pultordner haben die Größe von Unterschriftenmappen, nehmen also DIN-A4-Blätter gut auf. So können Sie Kopien von Angeboten, Notizen, Einladungen, Zahlungsbelege usw. gut unterbringen. Die Wiedervorlage in Pultordnern ist klassisch.

Suchen Sie in bestimmten Fällen nicht nach Terminen, sondern nach Namen, dann verwenden Sie einen Pultordner ABC.

Hängemappen

Für eine umfangreiche Wiedervorlage, besonders in Sekretariaten, sind Hängemappen sehr praktisch. Voraussetzung ist ein Schreibtisch mit Hängeregistratur. Sie benötigen dann 31 Hängemappen für die Kalendertage eines Monats und 12 Hängemappen für die Monate des Jahres, zusammen also 43 Hängemappen. Kopien von Angeboten, Notizen, Einladungen, Zahlungsbelegen usw. sortieren Sie lose ein. Die aktuelle Tagesmappe hängen Sie nach vorn, die Mappe des vergangenen Tages nach hinten.

Für kleinere Wiedervorlagen gibt es eine platzsparende Lösung von Leitz: eine Hängebox. Darin sind 43 (dünne) Einstellmappen untergebracht, 1–31 und 1–12.

Termin-Set Leitz

Katalog-Nr. 1995 im Bürohandel

www.leitz.com

Stehmappen

Geradezu ideal ist die Wiedervorlage von Vorgängen dann gelöst, wenn die Suche nach Tagen 1–31 oder nach Monaten 1–12 und die Suche nach Namen ABC auf einen Blick erfolgen kann. Die Ordnungs-Box von Mappei kann das. Das System verwendet Stehmappen mit Loseblatt-Ablage. Über die Reiter der Aktionsmappen (nach ABC) und Leitkarten (1–31 bzw. 1–12) überwachen Sie komplette Vorgänge.

Nur direkt zu beziehen

Lassen Sie sich beraten:

www.mappei.de

Gibt's im Shop

So legen Sie auf Termin

Liegt der Fälligkeitstermin im laufenden Monat, so benutzen Sie die Mappe 1–31. Soll beispielsweise die Statistik bis zum 21. Oktober eintreffen, so legen Sie eine Kopie der Notiz in das Register 21. Wollen Sie am 3. November (also im Folgemonat) nachfassen, so benutzen Sie die Mappe 1–12 und legen die Unterlagen für November unter 11. Ende Oktober schichten Sie um: alle Schriftstücke aus 11 werden jetzt in die Mappe 1–31 einsortiert und ein neuer laufender Monat beginnt. So verfahren Sie immer am Ende eines Monats.

Das hat sich bewährt: Im Pultordner oder in den Einstellmappen sollten nur Kopien liegen. Es können auch Karteikarten oder kurze handschriftliche Notizen sein. Nur die Akte oder der Vorgang selbst sollte nicht komplett in die Wiedervorlage wandern. Dort wird sie am wenigsten gesucht. Die Akte sollte dort stehen, wo sie laut Aktenplan hingehört. Ausnahme: Materialien wie Flugticket oder Eintrittskarte. Sie sind nur für diesen einen Tag und nur im Original gültig.

So planen Sie wieder ein

Wenn Sie abends Ihren Terminplan für den nächsten Tag machen, gehen Sie immer auch die Wiedervorlage durch: Schon erledigt? Nachfassen? Neu terminieren? Denken Sie daran: Die Wiedervorlage ist ein Überwachungsinstrument.

5.3 Jeder plant auf seine Weise

Terminkalender und Aufgabenliste

Ihr Terminkalender ist Ihnen lieb geworden. Sie möchten nicht darauf verzichten. Dann führen Sie – anstatt der vielen Zettel – eine Aufgabenliste. Dies ist der erste Schritt, um sich mit der Planung von Terminen anzufreunden. (Siehe Arbeitshilfen.)

Terminkalender und Kladde

Sie benutzen weiterhin den Terminkalender. Ihre Aufgaben aber notieren Sie in einer Kladde, das ist ein festes Buch mit leeren Seiten. Viele Mitarbeiterinnen und Mitarbeiter in den Sekretariaten arbeiten so. So können Sie – auch größere Zeiträume – leicht zurückverfolgen. Spalten für Datum, Priorität und Zeitbedarf fügen Sie ein. Wenn Sie nach getaner Arbeit noch den tatsächlichen Zeitbedarf notieren, wird die Kladde zum Aufgabenprotokoll und dokumentiert, was Sie wirklich leisten.

Terminplaner Woche

In manchen Berufen wünscht man sich die Woche als Planungseinheit. In Weiterbildungsberufen ist das so, wenn Termine den ganzen Tag einnehmen. Auch Arbeitsblöcke für langfristige Aufgaben lassen sich im Wochenplan besser überblicken. Vor allem Beruf und Freizeit lassen sich mit Wochenplänen – einschließlich Wochenenden – gut in Einklang bringen. Ob Tagesplan oder Wochenplan, die Regeln des Terminmanagement greifen.

Das neue Zeitmanagement

Stephen R. Covey, Der Weg zum Wesentlichen. Der Klassiker des Zeitmanagement, Campus 2007.

Lothar J. Seiwert, Wenn Du es eilig hast, gehe langsam. Mehr Zeit in einer beschleunigten Welt, Campus 2008.

6 Elektronisches Terminmanagement

Die elektronischen Terminplaner enthalten Ordner für Kalender, Aufgaben, Kontakte – und E-Mails. Das ist der Unterschied zum klassischen Terminplanbuch. Schriftverkehr, Büroorganisation und Ablage waren in der Papierwelt getrennte Bereiche. In der elektronischen Welt arbeiten sie Hand in Hand, ja nahezu gleichzeitig. Das treibt die Komplexität der Aufgaben voran und verschärft das Tempo der Arbeit.

Auf der anderen Seite macht das elektronische Arbeiten richtig Spaß, denn es geht schnell und – nach einer gewissen Einarbeitungszeit – leicht von der Hand (oder Maus).

Sie tragen Ihre Termine in die Tagesansicht des Kalenders ein. Aufgaben sammeln Sie in der tabellarischen Aufgabenliste, um sie bei der Tagesplanung als Termine mit sich selbst in den Kalender zu integrieren. Das sind die Regeln des Zeitmanagement. In Kapitel 5 ist diese Methodik ausführlich dargestellt.

Ein großer Vorteil der elektronischen Terminplaner ist es, dass sie die Übertragungsarbeit von Aufgaben zu Terminen mit drag & drop sehr einfach und zeitsparend gestalten. Das Ändern von Terminen ist ein Kinderspiel. Auf Mausklick stehen zudem verschiedene Kalenderansichten für Tag, Woche, Monat zur Verfügung. Und Sie können sich an Termine wie an Aufgaben erinnern lassen. Dennoch gibt es einige Hürden zu nehmen beim elektronischen Terminmanagement. Die Programme erklären sich nicht von selbst.

Zwei Programme wetteifern um die Vorherrschaft: MS Outlook und Lotus Notes. Beide arbeiten recht unterschiedlich, bewegen sich aber aufeinander zu wie die neuen Versionen MS Outlook 2007 und Lotus Notes 8.0 zeigen.

Neu in MS Outlook 2007

Neue Merkmale wurden geschaffen, um das Miteinander von Eingang und Ausgang, von Bearbeitung, Terminierung und Überwachung überschaubarer zu machen. Outlook 2007 setzt auf mehr Symbolik. Wenn Sie einen Termin, eine Aufgabe, eine E-Mail oder einen Kontakt öffnen (Doppelklick), schauen Sie auf eine völlig neu gestaltete Menüleiste mit vielen Symbolen. Dieselbe Systematik findet sich in Word, Excel und Powerpoint wieder. Tatsächlich gewöhnt man sich schnell an die symbolische Darstellungsweise, die sehr viel Information auf wenig Raum zusammenbringt.

MS Outlook 2007 setzt auf mehr Farbe, um Termine, Aufgaben, E-Mails und Kontakte zu kategorisieren, d. h. unter einem Thema zu bündeln. Es stehen 25 (!) Farben zur Verfügung, denen Sie eine Kategorie zuweisen können. Beispiel: Vorstand dunkelrot. Akquise lila. Training rot. Das Farbband zieht sich über die ganze Breite des Formulars einer E-Mail, eines Kontaktes, einer Aufgabe, eines Termins immer im geöffneten Zustand. Ziel ist es, über visuelle Merkmale die Überschaubarkeit zu erleichtern. MS Outlook 2007 erweitert die Symbolik für die Nachverfolgung in Intervallen (Fähnchen für Heute, Morgen, Diese Woche), nicht nur bei E-Mails, sondern ebenso bei Kontakten und Aufgaben. Für Termine natürlich nicht, denn einmal im Kalender eingetragen, werden Termine eingehalten! Oder?

Neu in Lotus Notes 8.0

Auch Lotus Notes 8.0 setzt auf mehr Symbolik und überschaubare Ansichten. Die zentrale Leitstelle ist die Öffnen-Liste, die die Navigationsleiste ersetzt. Drag & drop über die Navigationsleiste geht jetzt nicht mehr, nur noch über die Schaltfläche Kopieren in.

E-Mails kommen tiefschwarz an und die Markierung ergreift die ganze Zeile – eine Angleichung an MS Outlook. Interessanterweise haben beide Programme sich entschieden, die klassische Wochenansicht aufzugeben und durch die Ansicht Arbeitswoche zu ersetzen.

Neu ist eine Seitenleiste mit Informationen des Tages. Sie bleibt über alle Ordner hinweg erhalten und kann ein- und ausgeschaltet werden.

PDA im Trend: Smartphone All-in-One

Der Personal Digital Assistent PDA vereint Organizer und Mobilität in einem Gerät. Telefonieren, Mailen, Surfen, Fotografieren, alles kein Problem. Der Blackberry, einer Brombeere gleich, synchronisiert E-Mails automatisch. Es gibt Data- und Phone-Tarife. Mit Vertrag erschwinglich.

6.1   MS Outlook Heute

Mit Outlook Heute werden Sie gleich morgens persönlich empfangen. Termine und Aufgaben des heutigen Tages präsentieren sich im Überblick. Ansicht/Navigationsbereich/Normal. Dann Persönliche Ordner. Perfekt, wenn Sie am Vorabend Ihren Tagesplan gemacht haben.

Ansicht Heute mit Kalender, Aufgaben und Nachrichten Outlook 2007

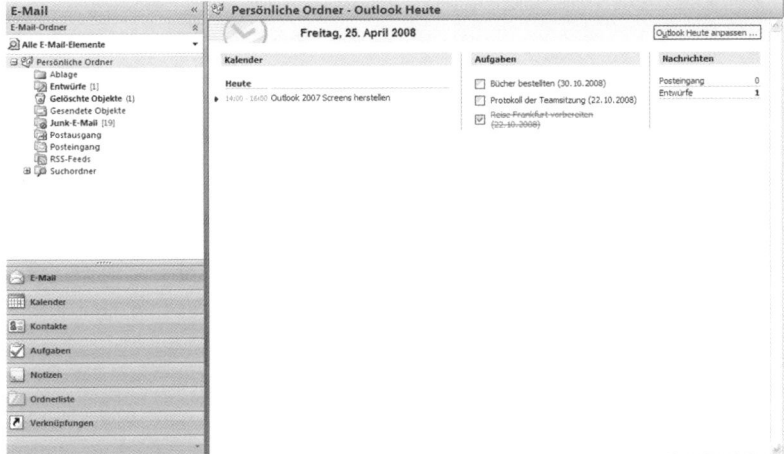

Aufgaben können Sie aus dieser Ansicht heraus sofort als erledigt markieren. Durch Anklicken kommen Sie zum Aufgabenordner oder direkt zur Aufgabe, zum Termin. Wenn Sie einzelne Termine oder Aufgaben anklicken, kommen Sie durch Speichern und schließen automatisch zu Outlook Heute zurück. Über Outlook Heute anpassen können Sie gestalten. Die Aufgaben des heutigen Tages und die Termine der nächsten 7 Tage sind eine gute Kombination. Bei Nachrichten können Sie einen oder auch mehrere Ordner auswählen, für die Sie die Anzahl der eingegangenen E-Mails überblicken möchten. Outlook Heute zeigt automatisch das aktuelle Tagesdatum. Outlook 2003 und 2007 arbeiten sehr ähnlich.

6.2 MS Outlook Kalenderansichten

Tagesansicht mit Navigationsbereich **Outlook 2007**

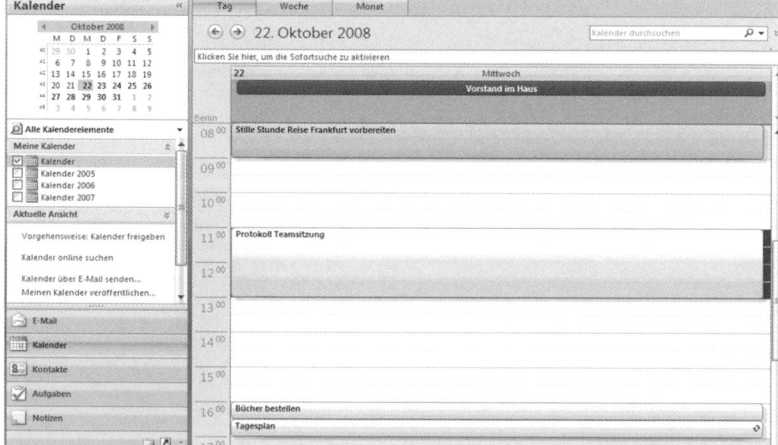

Beim ersten Aufruf des Kalenders befinden Sie sich in der Tagesansicht. Sie zeigt im Navigationsbereich (Ansicht/Navigationsbereich) standardmäßig einen Monatskalender. Der Standardarbeitstag beginnt um 08:00 Uhr und endet um 17:00 Uhr. Die Felder außerhalb dieses Bereichs sind dunkel hinterlegt. Der Tag ist in einen 30-Minuten-Rhythmus unterteilt. Eingetragen sind 3 Termine, ein Serientermin (Tagesplan) und ein Ereignis, mit neuer Kategorisierung (Vorstand im Haus).

Wenn Sie die zeitliche Auflösung ändern wollen:

Rechter Mausklick in die Kalenderfläche/Weitere Einstellungen/Zeitliche Auflösung. Sie können wählen von 5 bis 60 Minuten.

Wenn Sie die Arbeitszeiten ändern wollen:

Extras/Optionen/Einstellungen/Kalenderoptionen. Einen Kalendereintrag öffnen Sie durch Doppelklick. Outlook 2007 und 2003 arbeiten auf ähnliche Weise.

Tagesansicht: Navigationsbereich, Kalender, Aufgabenleiste **Outlook 2007**

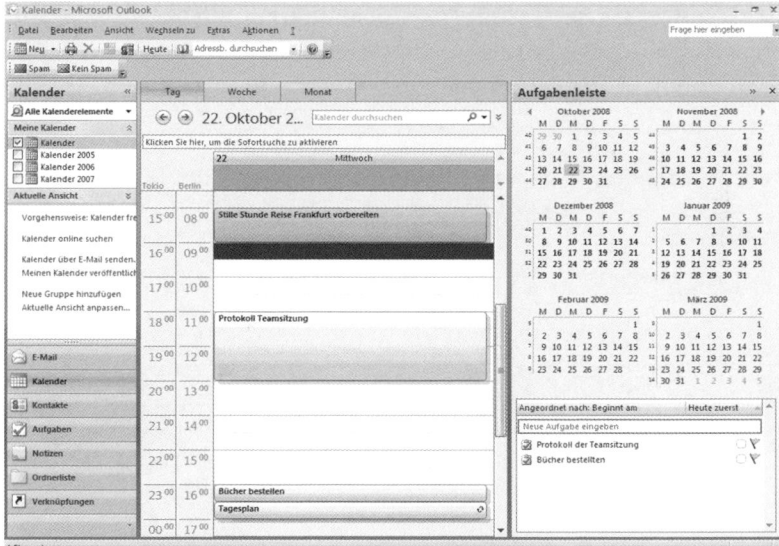

Für die tägliche Planung ist eine kombinierte Ansicht aus Kalender und Aufgabenleiste (enthält Datumsnavigator und Aufgabenliste – sehr praktisch: denn Aufgaben lassen sich durch drag & drop in Termine wandeln und auch zurück.

So geht es: Markieren Sie mit der Maus im Kalender den Zeitraum für die Aufgabenerledigung. Ziehen Sie mit der Maus die Aufgabe aus der Aufgabenliste auf den Kalender. Der Termin ist passend eingetragen, die Aufgabe bleibt weiterhin in der Aufgabenliste.

So verschwindet die Aufgabe aus der Aufgabenliste: Rechte Maus als erledigt markieren. Die Aufgabe ist jetzt im Hauptordner Aufgaben in der Aktuellen Ansicht/Erledigte Aufgaben. Erledigte Aufgaben können Sie durch drag & drop auch wieder zurückschieben auf die Aufgabenliste.

Die Aufgabenleiste rufen Sie auf: Ansicht/Aufgabenleiste/Normal und dann erneut: Ansicht/Aufgabenleiste/Datumsnavigator und Ansicht/Aufgabenleiste/Aufgabenliste.

Mehr als einen Monat im Datumsnavigator erhalten Sie über: Ansicht/Aufgabenleiste/Optionen/Anzahl der Monatszeilen. Wenn Sie den Datumsnavigator mit der Maus nach links ziehen, erhalten Sie mehrere Monate pro Zeile.

Volle Woche mit Zeitzonen im Stundentakt **Outlook 2007**

Die bisherige Ansicht Arbeitswoche wird jetzt für die volle Woche (einschließlich Wochenenden) verwendet. Sie können Pufferzeiten überblicken, Sie können Zeitzonen betrachten. Neu: Sie können umschalten zwischen Arbeitswoche anzeigen oder Volle Woche anzeigen. Den klassischen Wochenkalender gibt es nur noch in MS Outlook 2003.

Individuelle Einstellungen gestalten Sie über:
Extras/Optionen/Einstellungen/Kalenderoptionen.

Für Zeitintervalle: Rechte Maus/Weitere Einstellungen.

Zeitzonen erhalten Sie: Rechte Maus in die Zeitzone/Zeitzone ändern/Eine zusätzliche Zeitzone anzeigen.

So erhalten Sie ein übersichtliches Kalenderblatt: Ansicht/Navigationsbereich/Aus. Ansicht/Aufgabenleiste/Aus.

Monatsansicht mit Serienterminen **Outlook 2007**

In der Monatsansicht lassen sich Serientermine gut erkennen und auch leicht verschieben. Ereignisse (ganztägige Termine) sind umrandet dargestellt. Mit dem Rollbalken (rechts) kommen Sie von einem Monat zum anderen. Die Aufgabenleiste ist ausgeblendet.

Gruppenkalender: *4 Kalender im Vergleich* **Outlook 2007**

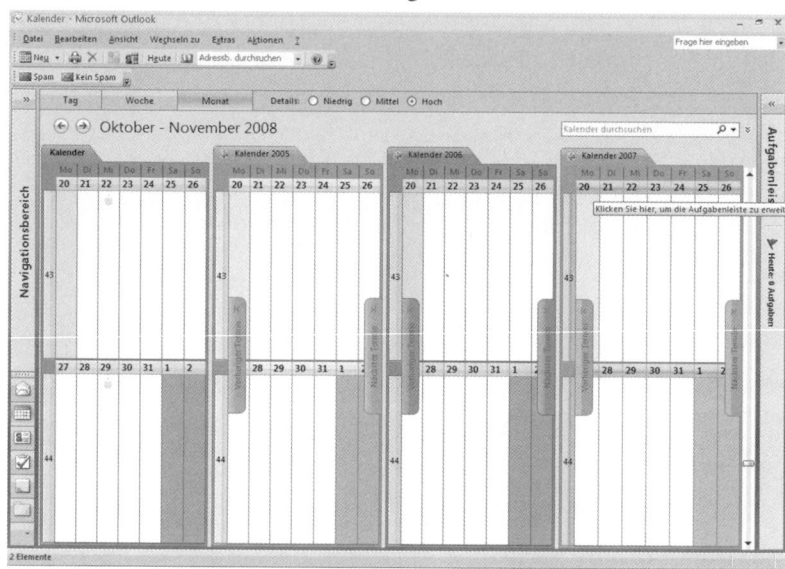

Um sich im Team abzustimmen, können Sie freigegebene Kalender öffnen und darin parallel arbeiten. Sie erhalten für jeden Kalender automatisch eine eigene Farbe. In dieser Ansicht sehen Sie vier Kalender. Das Besondere: Nur 2 Wochen des Monats Oktober sind geöffnet. So geht's: Mit der Maus im Datumsnavigator über die gewünschten Tage ziehen.

Der Navigationsbereich ist in dieser Ansicht minimiert. Nur die Symbole für E-Mail, Kalender, Aufgaben, Kontakte. sind links ersichtlich. So geht's: Ansicht/Navigationsbereich/minimiert.

Auch die Aufgabenleiste ist minimiert. Ansicht/Aufgabenleiste/minimiert. Per Mausklick lässt sie sich öffnen.

Kalenderansichten drucken

Über Datei/Drucken rufen Sie die Dialogbox Drucken auf. Mit der Schaltfläche Formate Definieren legen Sie fest, ob Sie Tages-, Wochen-

oder Monatsansichten drucken wollen. Es lohnt sich, auch die Formate: Dreifachformat oder Kalenderdetailformat anzusehen, das Reiseunterlagen gut ergänzt. Im Druckbereich legen Sie die Tage fest, für die gedruckt werden soll. Über Seite einrichten legen Sie fest: Format (z. B. mit oder ohne Aufgabenleiste. Papier (z. B. Papiertyp A4 und Größe Timesystem). Kopf/Fußzeilen auf dem Kalenderausdruck. Wenn Sie für den Ausdruck das Blankopapier Ihres Zeitplaners verwenden, z. B. von Timesystems, bekommen Sie fast originalgetreue Ausdrucke.

6.3 MS Outlook Termine

Termine anlegen

Einen Termin können Sie direkt anlegen, so wie Sie es vom Papier her gewohnt sind. Beispiel: Sie haben soeben ein Gespräch für den 18. Oktober vereinbart. Termin 12:00 – 13:00 Uhr (Datum, Uhrzeit, Zeitbedarf). Das wollen Sie schnell festhalten. Wählen Sie im Datumsnavigator das Datum für Ihren Termin aus. Die Kalenderansicht springt auf dieses Datum. Markieren Sie mit der Maus die Kalenderzeilen 12:00 – 13:00 Uhr. Schreiben Sie den Text darüber. Klick in den Kalender. Fertig. Der Termin ist eingetragen. Alternative: Doppelklick in den Kalender. Das Terminfenster springt auf und Sie füllen es aus. Speichern und schließen. Outlook 2007 und 2003 arbeiten auf die gleiche Weise.

Wenn Sie im Team arbeiten und einen Exchange-Server einsetzen, empfiehlt es sich, im geöffneten Termin auch die Art des Termins einzutragen: Frei, Mit Vorbehalt, Beschäftigt oder Abwesend. Bei automatischen Besprechungsanfragen berücksichtigt Outlook nur die freien und vorgemerkten Termine.

Terminserie anlegen

Für eine Terminserie brauchen Sie eine Wiederholfrequenz.

Rufen Sie im geöffneten Termin (Doppelklick auf den Kalender) das Symbol bzw. die Schaltfläche Serientyp auf. Es öffnet sich das Dialogfeld Terminserie. Wählen Sie Serienmuster. Täglich, Wöchentlich, Monatlich oder Jährlich. Ihre Auswahl wird im Kalender automatisch notiert mit Serien-Symbol. MS Outlook 2007 und 2003.

Termin verschieben, kopieren, löschen

Sie wollen den Termin auf ein neues Datum verschieben: Den Kalendereintrag mit gedrückter Maus auf den neuen Termin im Datumsnavigator schieben. Wenn Sie dabei die STRG-Taste drücken, kopieren Sie den Kalendereintrag.

Sie wollen die Uhrzeit ändern: Mit der Maus in den Termin klicken. Der Mauszeiger verwandelt sich zu einem Doppelpfeil. Ziehen Sie diesen mit gedrückt gehaltener linker Maustaste nach unten oder oben. Klick in den Kalender.

Sie wollen einen Termin löschen: Markieren durch Klick in den Termin/Rechte Maus/Löschen. Outlook 2007 und 2003.

Termine kategorisieren durch Farben

Sie können Termine einfärben: Cheftermine in Grün, Organisationsaufgaben in Grau, Besprechungen in Blau. Sie erkennen sofort, welchen Stellenwert ein Termin hat. So geht's: Klick in den Termin: Rechte Maus/Kategorisieren. Neu in Outlook 2007 ist, dass diese (Farb)Kategorie als Farbband im geöffneten Termin zu sehen ist. Diese Art der Farb-Kategorisierung ist übergreifend für Kontakte, Aufgaben und E-Mails.

So vergeben Sie Bedeutung für die 25 Farben: Klick in den Termin: Rechte Maus/Kategorisieren/Alle Kategorien. Alternativ öffnen Sie den Termin mit Doppelklick und gehen auf das Symbol Kategorisieren in der Symbolleiste.

Outlook 2003. Nicht markierter Kalendereintrag: Rechte Maus/Beschriftung. Über Beschriftungen bearbeiten können Sie den Farben Text zuordnen. Nur Kalender. Zusätzlich können Sie im geöffneten Termin eine schriftliche Kategorie einrichten und auswählen.

Private Termine

Outlook 2007. Wenn Sie private Termine eintragen, klicken Sie im geöffneten Terminfenster in der Menüleiste auf das Symbol Sicherheitsschloss. Das bewirkt, dass andere, für die Sie Ihren Kalender freigeben, nur die geblockten Zeiten erkennen können, nicht aber die Details.

Outlook 2003. Wenn Sie private Termine eintragen, klicken Sie im geöffneten Terminfenster unten rechts auf das Kästchen Privat.

Geburtstage

Geburtstage sind in MS Outlook Ereignisse. Ereignisse dauern den ganzen Tag und belegen keine Uhrzeit. Sie stehen im Kalender direkt unter dem Datum und außerhalb des Zeitrasters.

Für Geburtstage wählen Sie: Serientyp/Terminserie/Serie 1 Tag/ Serienmuster Jährlich/Kein Enddatum. Über Ansicht/Aktuelle Ansicht/Ereignisse bzw. Jährliche Ereignisse erhalten Sie eine tabellarische Übersicht. Outlook 2007 und 2003.

Feiertage

Für Feiertage rufen Sie auf: Extras/Optionen/Kalenderoptionen/ Feiertage hinzufügen/Deutschland. Die Feiertage sind eingetragen und Sie können Sie überprüfen: Ansicht/Aktuelle Ansicht/Ereignisse. Nicht jedes Bundesland realisiert alle Feiertage. Daher müssen Sie Sie den einen oder anderen Feiertag löschen, vor allem, wenn Sie in Hamburg wohnen.

Erinnerungen

An Termine kann man sich erinnern lassen. Extras/Optionen/Einstellungen/Kalender Standarderinnerung/15 Minuten/Häkchen. Wenn Sie keine Standardeinstellung wollen: Häkchen aus.

Sie können die Erinnerung auch individuell eintragen:

Outlook 2007. Geöffneter Termin/Glocken-Symbol/Zeitintervall. Sie werden mit einer Erinnerungsmeldung mit Dialogfeld erinnert. Dazu muss Outlook geöffnet sein, zumindest minimiert (Schaltfläche oben rechts auf Minus).

Outlook 2003: Termin öffnen: Erinnerung/Zeitintervall. Der Kalendereintrag wird mit einer Glocke angezeigt.

Besprechungen planen und einladen

Sie können zu Besprechungen einladen: Neu/Besprechungsanfrage. Sie können aber auch erst Ihren Termin eintragen: Doppelklick auf den Kalender/Geöffneter Termin. Betreff, Ort, Notizen eintragen. Dann: Symbol Teilnehmer einladen/Menüleiste Besprechung. Sie erhalten das Formular Besprechungsanfrage.

Über das Symbol Terminplanung können Sie freie Zeiten der Teilnehmer einsehen. Über das Symbol Büroklammer (Einfügen/Datei anfügen) können Sie Tagesordnung und Anlagen mitsenden. Alles eingetragen? Dann Senden. Mit der Bitte um Antwort (Symbol). Die Eingeladenen können die Besprechung zusagen und absagen. Voraussetzung dafür, dass die Besprechungsanfragen auch klappen ist, dass alle Beteiligten ihren Kalender genau führen und ihre Termine als Frei, Mit Vorbehalt, Beschäftigt oder Abwesend eintragen. Doppelklick auf den Termin. In der Symbolleiste Schriftzug Beschäftigt mit entsprechendem Listenfeld.

Vermeiden Sie Ad-hoc-Besprechungen, das System verführt dazu, aber das wirft alle Beteiligen aus der eigenen Planung. Besser ist es, Regelsitzungen einzuplanen, einen Jour fixe, am dem kommuniziert und koordiniert wird. Selbstverständlich mit Tagesordnung und festem Zeitbudget.

6.4 MS Outlook Aufgaben

Zum Terminmanagement gehört nicht nur der Terminkalender, sondern auch die Aufgabenliste, die Ihnen stets zeigt, was bis wann zu erledigen ist. Im Büro müssen Sie nicht alle Aufgaben aufschreiben! Die 5-Minuten-Jobs erledigen Sie sofort. Dafür haben Sie Pufferzeit eingeplant. Heute-Aufgaben tragen Sie nur ein, wenn Sie sich erinnern lassen wollen. Aufgaben aber, die über einen langen Zeitraum überwacht werden sollen oder strukturiert angegangen werden müssen, die sollten Sie unbedingt in die Aufgabenliste eintragen.

Die Liste können Sie in unterschiedlichen Ansichten abrufen (Liste mit Details, Erledigte Aufgaben, Übertragene Aufgaben usw.). Klick auf Aktuelle Ansicht im Navigationsbereich.

Aufgabenliste mit Betreff, Fälligkeit, Status, Kategorie **Outlook 2007**

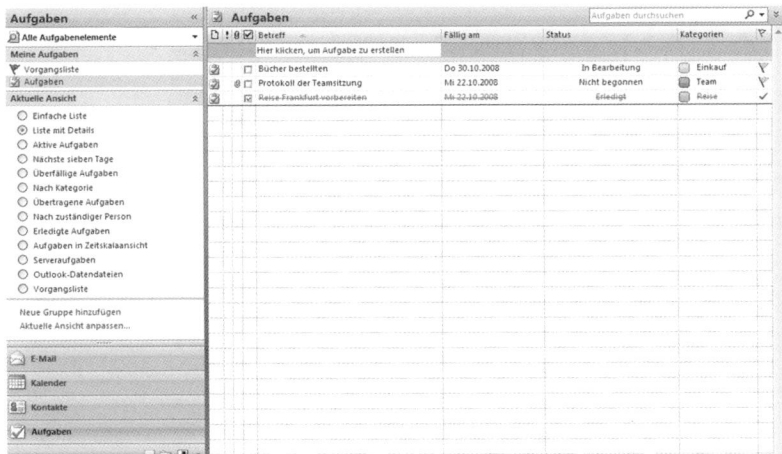

Betreff, Fällig am, Status und Erinnern

Wählen Sie Liste mit Details. Tragen Sie direkt in die Liste Betreff und Fällig am ein. Die Fälligkeit einer Aufgabe liegt immer auf einen

Tag. Denn erst im Tagesplan wird die Aufgabe zu einem Termin mit uns selbst mit Datum, Uhrzeit, Zeitbedarf.

Ergänzen Sie den Status (Nicht begonnen, In Bearbeitung, Erledigt, Wartet auf jemand anderen, Zurückgestellt).

Erledigte Aufgaben werden, wenn abgehakt, von Outlook automatisch durchgestrichen. Alle erledigten Aufgaben überschauen Sie: Aktuelle Ansicht/Erledigte Aufgaben.

Sie können auch mit Doppelklick in die Aufgabenliste eine neue Aufgabe öffnen und von dort aus die Details Ihrer Aufgabe eintragen. Speichern & schließen. Die Aufgabe erscheint automatisch in der Aufgabenliste.

Erinnerung setzen Sie in der geöffneten Aufgabe mit Häkchen und wählen dann den Tag und die Uhrzeit. Zu diesem Zeitpunkt muss Outlook geöffnet oder zumindest minimiert sein. Outlook 2007 und 2003.

Prioritäten ABC

Nur Aufgaben wird eine Priorität zugeordnet. Es gibt keine Priorität für Termine. Termine werden eingetragen und eingehalten. Die Aufgaben werden erst nach und nach in das vorhandene Zeitbudget eingeplant. Da man immer mehr Aufgaben hat als Zeit, muss man Aufgaben priorisieren. Welche mache ich zuerst? Welche folgt? Welche kann wegfallen? Die ABC-Regeln zur Vergabe von Prioritäten finden Sie in Kapitel 5.1 ausführlich beschrieben. Outlook bietet das rote Ausrufezeichen für Priorität A, keine Markierung für Priorität B und den blauen Pfeil nach unten für die Priorität C.

Kategorien

Über Kategorien können Sie zusammenführen, was zusammengehört: Alle Aufgaben für Chef 2, alle Aufgaben für Projekt A, alle Aufgaben für die China-Reise. Aktuelle Ansicht/Nach Kategorie. Wählen Sie mit der rechten Maus direkt aus der Aufgabenliste heraus die passende (Farb)Kategorie. Haben Sie den Farben noch keine Bedeutung zugeschrieben, gehen Sie auf Alle Kategorien. Insgesamt stehen Ihnen 25 Farben zur Verfügung.

Outlook 2003. Sie können im geöffneten Termin unten rechts eine schriftliche Kategorie einrichten und auswählen.

Serienaufgaben

Routineaufgaben in regelmäßigen Intervallen können Sie auf Serie setzen. Zum Beispiel Management-Report abgeben immer am 15.. Sobald die Aufgabe als erledigt markiert ist, trägt Outlook automatisch die Folge-Aufgabe ein. Aber auch erst dann. Geöffnete Aufgabe/Serientyp (Symbol Zwei Pfeile im Kreis)/Serienmuster/Seriendauer.

Aufgaben delegieren

Sie können Aufgaben delegieren. Der Empfänger erhält eine E-Mail und gleichzeitig setzt sich die Aufgabe in seine Aufgabenliste, kann also nicht mehr vergessen werden. Geöffnete Aufgabe/Aufgabe zuweisen. Sie tragen die E-Mail-Adresse unter AN ein und gehen auf Senden. Der Empfänger erhält eine Aufgabenanfrage. Sie sehen eine Kopie der Aufgabe in Ihrer Aufgabenliste – das dient der Übersicht und Nachverfolgung. Und Sie erhalten einen Statusbericht, sobald die Aufgabe erledigt ist, vorausgesetzt der Empfänger markiert die Aufgabe auch als erledigt.

Aufgabenlisten gestalten

Die Standardeinstellungen der Listen können Sie an Ihre Bedürfnisse anpassen: Rechter Mausklick auf die Betreffzeile (Spaltenkopf)/Feldauswahl. Das Auswahlfeld in die Betreffzeile ziehen bis es rot einrastet. Empfehlenswert sind: Gesamtaufwand, Kategorie, Erledigt, Priorität, Anlage. Kennzeichnung finden Sie in Outlook 2007 unter der Rubrik Alle E-Mail-Felder.

Aufgabenliste drucken

Sie können Ihre Aufgabenliste in der gewünschten Ansicht drucken: Datei/Drucken. Sie können wählen, ob Sie alle Zeilen der Liste oder nur markierte Zeilen ausdrucken möchten und sich das Ergebnis vorab in der Seitenansicht ansehen. Wie beim Kalender können Sie unter Seite einrichten Format, Papier wählen und Kopf- und Fußzeilen einrichten.

6.5 MS Outlook Wiedervorlage

Termine schreiben Sie in den Kalender, Aufgaben schreiben Sie in die Aufgabenliste. Wozu brauchen Sie eine elektronische Wiedervorlage? Wiedervorlage heißt: Noch einmal vorlegen. Üblicherweise legt man im Voraus fest, wann wieder vorgelegt werden soll. Und häufig führen die Assistentinnen die Wiedervorlage ihres Chefs, ihrer Chefin. Wiedervorgelegt werden – und das war schon immer so – Schriftstücke, elektronisch gesehen sind dies E-Mails.

Nachverfolgen von E-Mails

Mit der elektronischen Wiedervorlage können Sie E-Mails wiedervorlegen, Outlook spricht von Nachverfolgung. Das Nachverfolgungssymbol ist ein Fähnchen. Posteingang/Fähnchensymbol rechts/Rechte Maus/Fähnchen. Sie haben die Wahl – und das ist neu in Outlook 2007 – zwischen Heute, Morgen, Diese Woche, Nächste Woche. Sie können zusätzlich eine Erinnerung hinzufügen mit Datum und Uhrzeit. Sie erhalten die Benachrichtigung auch, wenn die E-Mail in einem Ordner abgelegt ist. Das ist neu in Outlook 2007.

Aufgaben überwachen mit der Aufgabenliste

Die Wiedervorlage ist ein Überwachungsinstrument, um die schrittweise Erledigung einer Aufgabe nachzuverfolgen. In Outlook 2007 können Sie die Nachverfolgungsfähnchen auch für Aufgaben einsetzen. Gerade bei großen Aufgabenlisten – Chefs lieben Aufgabenlisten von mehreren Seiten – ist kaum noch ein Durchkommen. Die Übertragung von Aufgaben in Termine mit sich selbst ist dann überhaupt nicht mehr möglich, weil die Zeit im Kalender gar nicht ausreicht.

E-Mails per drag & drop zu Aufgaben schieben

Wenn Sie erkennen, dass der Inhalt einer E-Mail einer Aufgabe entspricht, kommen Sie – anstatt einer Fähnchen-Wiedervorlage – schneller durch, wenn Sie die E-Mail mit drag & drop zu den Aufgaben schieben. Aus der E-Mail wird eine Aufgabe, die Sie mit Fälligkeit, Priorität und wenn nötig einer Erinnerung belegen können. Der gesamte E-Mail-Text steht im Notizfeld der Aufgabe. Die E-Mail selbst bleibt erhalten. Sie können diese zum Vorgang ablegen in dem entsprechenden E-Mail-Ordner. Die Aufgabe steuern und überwachen Sie über die Aufgabenliste. Und: Ihr Postfach wird leer.

Tägliche Aufgaben im Kalender nachverfolgen

Eine interessante Variante bietet Outlook 2007 mit der Täglichen Aufgabenliste im Kalender, die die einzelnen Aufgaben – mit Fähnchen im Kalender anzeigt. Ansicht/Tägliche Aufgabenliste/Normal. Anordnen nach/Nach Startdatum. Alternativ: Nach Fälligkeitsdatum, Erledigte Aufgaben anzeigen. Das erinnert doch sehr an den klassischen Tischkalender mit Bemerkungsspalte, der Jahrzehnte lang auf jedem Schreibtisch lag.

Kalenderansicht Volle Woche mit Täglicher Aufgabenliste. Nach Startdatum. Outlook 2007

Vorgangsliste

Zusätzlich zur Aufgabenliste hat Outlook 2007 eine Vorgangsliste eingeführt, auf der alle E-Mails, Kontakte und Aufgaben eingetragen sind, die Fähnchen führen. Aufgaben/Aktuelle Ansicht/Vorgangsliste. Wird eine Aufgabe von Ihnen als erledigt gekennzeichnet (Rechte Maus auf Fähnchen/Als erledigt kennzeichnen) springt die Aufgabe automatisch aus der Vorgangsliste heraus und landet in der Ansicht Erledigte Aufgaben.

6.6 Lotus Notes Kalenderansichten

Die Arbeitsweise der Kalender Lotus Notes 7.0 (6.5) und Lotus Notes 8.0 unterscheiden sich. Daher werden beide aufgeführt.

Ansicht 2 Tage: Ansichtsfenster, Navigator und Navigationsleiste **Lotus Notes 7.0**

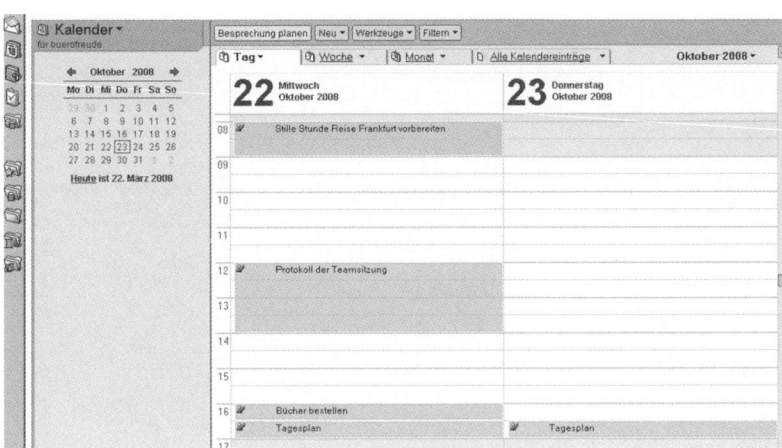

Lotus Notes 7.0. Der Kalender besteht aus Ansichtsfenster, Datumsnavigator und Navigationsleiste. Die schmale Navigationsleiste links ist durch Symbole gekennzeichnet für E-Mail, Kalender, Kontakte, Aufgaben. Über diese Navigationsleiste können Sie E-Mails zu Aufgaben oder Aufgaben zu Terminen wandeln mit drag & drop. D. h. die Maus gedrückt halten und das Element auf das Symbol der Navigationsleiste schieben. Sie sehen ein +-Zeichen, d. h. das Element wird kopiert. Alternativ bietet Lotus Notes den Befehl Kopieren in, sobald ein Element markiert ist.

Mit den Pfeilen des Datumsnavigators wählen Sie das passende Datum.

Über das Listenfeld Kalender können Sie den Kalender einer anderen Person öffnen, sofern dieser freigegeben ist.

Die unterschiedlichen Kalenderansichten erhalten Sie über: Ansicht/Format ändern und über die Schaltflächen Tag, Woche, Monat oberhalb des Kalenders.

Ansicht 2 Tage: Ansichtsfenster, Navigator und Ansichten Lotus 8.0

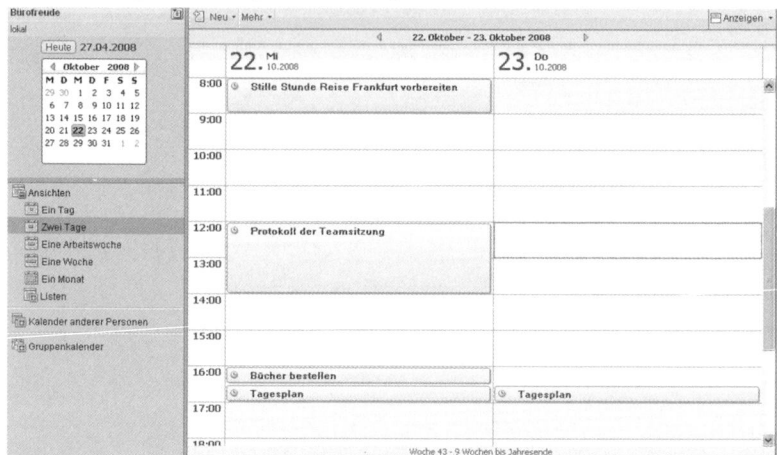

Lotus Notes 8.0. Der Kalender besteht aus Ansichtsfenster und Navigator zur Auswahl gewünschter Kalenderansichten, auch der Kalender anderer Personen. Die schmale Navigationsleiste wurde ersetzt durch die Öffnen-Liste. Diese erreichen Sie über den Öffnen-Schaltknopf direkt unterhalb der Menüleiste. Die Öffnen-Liste ist die zentrale Schaltstelle von Lotus Notes. Drag & drop zwischen Aufgaben und Kalender, E-Mail und Aufgaben usw. ist nicht mehr möglich. Hierzu bietet Lotus Notes 8.0 nur noch den Befehl Kopieren in, sobald ein Element markiert ist.

Das passende Datum wählen Sie über die Datumsleiste oberhalb des Kalenders. Per Klick öffnet sich ein Datumsnavigator.

Über die Schaltfläche Datei/Vorgaben/Kalender und Aufgaben können Sie Ihren Kalender anpassen. Anzeigen/Einträge: Hier können Sie Kategorien einsetzen und auch löschen. Unter Anzeigen/Ansichten legen Sie die Arbeitszeiten und Arbeitstage fest. Über Zeitplan/Zeitplan/Verfügbarkeit legen Sie fest, wann Sie für Besprechungen zur Verfügung stehen, auch in welcher Standard-Zeitzone (Ortszeit) Sie sich befinden.

Ansicht Arbeitswoche Lotus Notes 7.0

Lotus Notes 7.0. In diesem Beispiel wurde die Kalenderansicht vergrößert, indem der linke Rand des Kalenders mit der Maus nach außen gezogen wurde.

Zwei Zeitzonen (Berlin, Tokio) einrichten: Datei/Vorgaben/Benutzervorgaben/International/Kalender.

Den Stundentakt einstellen: Werkzeuge/Vorgaben/Anzeigen/Dauer eines Zeitrasters 60 Minuten. Zeitraster von 15, 30 oder 60 Minuten sind möglich. Hier stellen Sie auch die Arbeitszeiten ein, von 9:00 bis 17:00 Uhr und die Arbeitstage mit oder ohne Wochenende.

Beginn einer Aufgabe im Kalender anzeigen: Werkzeuge/Vorgaben/ Aufgaben/Aufgaben nicht im Kalender anzeigen, ohne Häkchen.

Aufgaben farblich kennzeichnen: Werkzeuge/Vorgaben/Farbe, Farbe übernehmen oder neu wählen. Damit die neu gewählte Farbe auch übernommen wird, klicken Sie in die Farbe und erst dann auf OK.

Neue Ansicht Volle Woche Lotus Notes 8.0

Die klassische Wochenansicht gibt es in Lotus Notes 8.0 nicht mehr. Sie hat sich nicht bewährt, weil die Pufferzeiten zwischen den Terminen nicht sichtbar sind. Zusätzlich zur neuen Ansicht Woche gibt es die Ansicht Arbeitswoche (ohne Wochenenden).

Lotus Notes 8.0. In diesem Beispiel wurde die Seitenleiste rechts geschlossen: Ansicht/Seitenleiste/geschlossen. Und die Kalenderansicht vergrößert, indem der linke Rand des Kalenders mit der Maus nach außen gezogen wurde.

Den Stundentakt einstellen: Datei/Vorgaben/Kalender und Aufgaben/Anzeigen/Ansichten Zeitraster 60 Minuten. Hier stellen Sie auch die Arbeitszeiten ein, von 9:00 – 17:00 Uhr und die Arbeitstage mit oder ohne Wochenende.

Beginn einer Aufgabe im Kalender anzeigen: Aufgaben anzeigen mit Häkchen.

Aufgaben farblich kennzeichnen: Datei/Vorgaben/Kalender und Aufgaben/Farbe. Damit die neu gewählte Farbe auch übernommen wird, klicken Sie in die Farbe und erst dann auf OK.

Ansicht Monat mit Serienterminen Lotus Notes 8.0

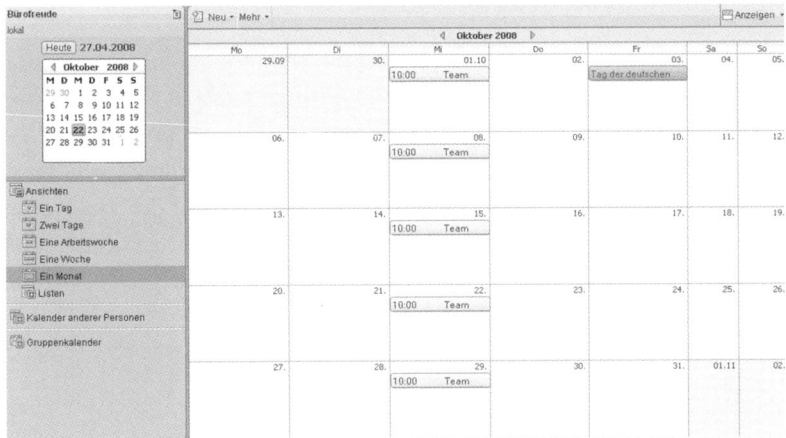

Sie können einen Termin auf Serie legen, dazu müssen Sie diesen neu anlegen: Neu/Termin/Wiederholen. Sie können wählen ob Täglich, Wöchentlich, Monatlich (Tag oder Datum) oder Jährlich. Das Besondere: Lotus Notes führt alle Serientermine zusätzlich in einer Liste auf.

Wenn innerhalb einer Terminserie ein Termin verschoben werden soll, so ist es am besten, diese Verschiebung in der Monatsansicht zu verändern. Sie schieben den Eintrag mit der Maus auf den neuen Termin, bestätigen zuerst mit OK und dann Nur dieser Eintrag.

Kalenderansichten drucken

Sie können Ihre Kalenderansichten ausdrucken. Datei/Drucken. Wählen Sie Kalender drucken und prüfen Sie die Druck-Ansicht über Vorschau. Wollen Sie einen größeren Zeitraum drucken, wählen Sie in der Vorschau Mehrere Seiten. Interessant ist auch Nur ausgewählten Rahmen. Dabei werden nur die Angaben im Kalender ausgedruckt.

6.7 Lotus Notes Termine

Lotus Notes 8.0 unterscheidet zwischen Terminen, Jahrestagen, Erinnerungen und ganztägigen Veranstaltungen. Dazu kommen die Besprechungen und – das ist neu – Ereignisankündigungen. Ereignisankündigungen sind Besprechungseinladungen, die eingeladene Personen zu ihrem Kalender hinzufügen können, auf die diese aber nicht antworten können. Diese Art der Einladung wird Podiumsbesprechung genannt und sie ist nützlich, wenn Sie eine große Anzahl von Personen einladen möchten.

Termine eintragen und sich daran erinnern lassen

Lotus Notes 8.0. Klicken Sie auf das Listenfeld Neu/Termin. Es öffnet sich ein Kalendereintrag. Sie tragen Betreff, Beginn, Ende ein und – das ist neu – die jeweilige Ortszeit. Das passt für Video- und Telefonkonferenzen. Sie können wählen zwischen gebuchten Terminen (Symbol Uhr) und Als Verfügbar markierten Terminen (Symbol Bleistift).

Diese Unterscheidung zwischen gebuchten und verfügbaren Terminen eignet sich sehr gut, um zwischen Termine mit anderen (Symbol Uhr) und Terminen mit sich selbst (Symbol Bleistift) zu unterscheiden. Termine mit sich selbst entstehen aus der Übertragung einer Aufgabe in das Zeitraster Ihres Kalenders. Lediglich das Fälligkeitsdatum der Aufgabe steht fest. Je früher Sie beginnen, desto flexibler sind Sie. Die verfügbaren Termine werden bei Besprechungsanfragen in die Terminsuche einbezogen. Termine werden in Lotus Notes 8.0 standardmäßig in Grün angezeigt.

An Termine können Sie sich erinnern lassen Ich möchte benachrichtigt werden. Minuten, Stunden, Tage. Davor oder Danach(!).

Lotus Notes 7.0. Sie können auch unterscheiden zwischen Terminen mit anderen und Terminen mit sich selbst. Setzen Sie im geöffneten Terminfenster oben rechts ein Häkchen auf Vormerken. (Symbol Bleistift).

Anlagen

Über das Symbol Büroklammer Anhängen... kommen Sie bei Terminen, Aufgaben – und jetzt auch E-Mails – auf den Explorer (Ihr Laufwerk) und wählen eine entsprechende Datei aus. Damit das klappt, müssen Sie zuvor in das Hauptfeld (Notizfeld) der Nachricht klicken.

Lotus Notes 7.0. Wählen Sie bei E-Mails Datei/Anhängen ...

Termine verschieben

Mit der Maus lässt sich ein Termin innerhalb einer Wochenansicht oder einer Monatsansicht verschieben. Bestätigen Sie mit OK. Lotus Notes 8.0 und 7.0 (6.5).

Termine kopieren

Zum Kopieren eines Termins, vom 30. März auch auf den 24. Oktober gehen Sie ganz klassisch vor: Termin markieren, Bearbeiten/Kopieren. Mit den Pfeiltasten des Datumsnavigators auf Oktober gehen. Im 24. Oktober das gewünschte Zeitfenster markieren. Bearbeiten/Einfügen. Ihr Termin befindet sich jetzt im 30. März und im 24. Oktober. Inklusive aller Anlagen. Lotus Notes 8.0 und 7.0 (6.5).

Private Termine

Private Termine können Sie kennzeichnen: Neu/Termin/Als Privat markieren. Diese Termine werden bei der Veröffentlichung des Kalenders ohne Text angezeigt. Private Termine erkennen Sie am Symbol Päckchen. Lotus Notes 7.0 Symbol Schlüssel.

Jahrestage

Geburtstage und Feiertage geben Sie als Jahrestage ein. Neu/Jahrestage. Diese sind wiederholend gesetzt. Sie können sich erinnern lassen. Minuten, Stunden, Tage. Jahrestage stehen im Kopfbereich des

Kalenders und nehmen keine Kalenderzeit in Anspruch. Symbol Luftballon. Lotus Notes 8.0 und 7.0 (6.5).

Erinnerung

An Termine kann man sich erinnern lassen. Zusätzlich gibt es bei Lotus Notes eine Erinnerung als Termineintrag im Kalender. Man kann sie zur Erinnerung an Aufgaben oder auch als Wiedervorlagen benutzen. Symbol: Wecker. Lotus Notes 7.0: Symbol Knoten im Taschentuch.

Ganztägige Veranstaltung

Ganztägige Veranstaltungen sind ganztägige Termine. Sie stehen im Kopfbereich oberhalb des Kalenders. Sie eignen sich um einzugeben: Urlaub, Reisen, Meetings. Die Zeit ist bei Besprechungsanfragen geblockt. Symbol Sonne. Lotus 7.0 Symbol: Kurve oder Blitz.

Besprechungen planen

Lotus Notes 8.0. Neu/Besprechung oder Neu/Ereignisankündigung. Es öffnet sich ein Kalendereintrag, den Sie ausfüllen mit eingeladenen Personen, Räumen, Ressourcen (Beamer).

Die Einladung zur Besprechung wird von Lotus Notes als E-Mail-Nachricht verschickt. Lotus Notes sucht einen passenden Termin, an dem alle Beteiligten Zeit haben. Speichern und Einladung senden. Durch die Automatik werden Sie von Lotus Notes hindurchgeführt.

Lotus Notes 7.0. Sie müssen in der Kalenderansicht ein gesondertes Schaltfeld benutzen für Besprechungen planen. Die Variante Ereignisankündigung gibt es nicht in Lotus Notes 7.0.

6.8 Lotus Notes Aufgaben

Aufgabenliste mit Betreff, Fälligkeit, Status, Kategorie **Lotus Notes 8.0**

Lotus Notes 8.0. Neu ist die Gestaltung des Navigators links für die Ansichten, die Gestaltung der Spaltenköpfe im Aufgabenfeld (Besitzeraktionen, Mehr, früher Werkzeuge). Und die Markierung einer Aufgabe über die Breite der Aufgabe hinweg ersetzt die früheren Markierungs-Häkchen.

Beginn, Fälligkeit, Status

In die Aufgabenliste werden vor allem die Aufgaben eingetragen, die strukturiert angegangen werden müssen. Lotus Notes wendet die Regeln des Zeitmanagement sehr konsequent an. Interessant ist, dass der Beginn einer Aufgabe – einem Blitzlicht gleich – im Kalender angezeigt werden kann. Die Fälligkeit der Aufgaben verwalten Sie aber ausschließlich über die Aufgabenliste. Die Aufgabenliste kann sortiert werden nach Betreff, Fälligkeitsdatum, Status und Kategorie. Den Status in Arbeit, Nicht begonnen, Überfällig vergibt Lotus Notes selbst anhand des Eintrags von Beginn und Fälligkeit und in Kombination mit dem aktuellen Datum.

Aufgaben werden fällig zu einem bestimmten Fälligkeitstag. Das heißt konkret: Bei einer Aufgabe können Sie sich in Lotus Notes an einen Tag erinnern lassen, nicht jedoch minutengenau. Alternativ dazu gibt es die Erinnerung im Kalender. Geöffnete Aufgaben haben ein Notizfeld, in das Anhänge eingefügt werden können. Sie können wählen, ob es sich um eine persönliche Aufgabe handelt, Ich selbst oder für Andere Personen. Aufgaben lassen sich auch wiederholend einrichten.

Prioritäten

Um Aufgaben bei der Tagesplanung gezielt auswählen zu können – man hat immer mehr Aufgaben als Zeit –, werden Aufgaben in Lotus Notes mit Prioritäten ausgezeichnet: hoch (1), mittel (2), niedrig (3). Die Auflistung nach Prioritäten überblicken Sie in der Aufgabenansicht Persönlich. Die ABC-Regeln zur Vergabe von Prioritäten finden Sie in Kapitel 5.1 ausführlich beschrieben.

Kategorien

Eine umfangreiche Aufgabenliste wird schnell unübersichtlich. Ein besonderes Ordnungskriterium ist die Kategorie. Kategorien ermöglichen es, zusammengehörende Aufgaben zu gruppieren. Alle Aufgaben, zum Beispiel zur Markteinführung eines neuen Produktes, können Sie über die Kategorie Markteinführung zusammenfassen.

Weitere Beispiele: Projekt A, Team, Reise, Meetings, Vorstand. Ihre Aufgaben nach Kategorien sortiert überblicken Sie in der Ansicht Nach Kategorie.

Lotus Notes 8.0: Schnellversion: Geöffnete Aufgaben/Kategorie/Listenfeld/Neues Schlüsselwort OK. Aus der Liste löschen und auch weitere hinzufügen können Sie: Mehr/Vorgaben/Kalender und Aufgaben/Anzeigen/Einträge.

Lotus Notes 7.0. Werkzeuge/Vorgaben/Kalender und Aufgaben/Allgemein.

Aufgaben delegieren

Aufgaben lassen sich direkt über Lotus Notes delegieren. Alle delegierten Aufgaben überblicken Sie in der Ansicht Gruppe.

Der Empfänger erhält eine E-Mail und die Aufgabe setzt sich darüber hinaus automatisch in die Aufgabenliste des Empfängers. Die Aufgabe verbleibt in Ihrer Aufgabenliste zur weiteren Überwachung.

Um Aufgaben zu verschicken, wählen Sie in der geöffneten Aufgabe Andere Personen. Die Aufgabe wird zur Gruppenaufgabe. Speichern und Zuweisungen senden. Über Benutzeraktionen verwalten Sie Absagen und Bestätigungen.

Aufgaben absagen

Wenn Sie eine Aufgabe absagen möchten, Besitzeraktionen/Absagen. können Sie wählen, ob die Aufgabe komplett gelöscht werden oder in der Aufgabenliste verbleiben soll.

Wenn Sie eine Aufgabe bestätigen, Besitzeraktionen/Bestätigen, können Sie wählen, ob Sie Kommentare anbringen möchten. Und Sie können Nachrichten an die eingeladenen Personen versenden. Beispiel: Besitzeraktionen/Nachricht an eingeladene Personen senden, die nicht geantwortet haben.

Lotus Notes 7.0. Aktionen/Absagen, Aktionen/Bestätigen.

Aufgaben drucken

Das Ausdrucken von Aufgaben können Sie nutzen, um sich klar zu werden, was Sie den ganzen Tag so machen. Sie schaffen sich eine Aktivitätenliste, die Sie nach Regeln des Zeitmanagement reflektieren können. Und beim nächsten Jahresgespräch haben Sie das alles dokumentiert.

Die gedruckte Aufgabenliste ist auch gut, wenn Sie im Team arbeiten, nicht jeder aber einen PC nutzt.

Sie können die gesamte Aufgabenliste ausdrucken. Datei/Drucken/Ausgewählte Ansicht. Wenn Sie nur einige Aufgaben markieren, dann erhalten Sie nur die ausgewählten Aufgaben ausgedruckt. Mehrere Seiten sind möglich über die Vorschau. Prüfen Sie immer über die Vorschau, ob Sie die richtige Ansicht gewählt haben.

Wenn Sie eine geöffnete Aufgabe ausdrucken wollen, wählen Sie: Datei/Drucken/Ausgewählte Dokumente. Alle Lotus-Notes-Versionen.

6.9 Lotus Notes Wiedervorlage

Wiedervorlage heißt: Noch einmal vorlegen. Üblicherweise legt man im Voraus fest, wann etwas wieder vorgelegt werden soll. Wiedervorgelegt werden Schriftstücke, elektronisch gesehen E-Mails.

Wiedervorlage von E-Mails

Die Wiedervorlage von E-Mails ist in Lotus Notes sehr gut gelöst. Klicken Sie im Posteingang auf das Fähnchensymbol/Listenfeld/Wiedervorlagedatum setzen oder bearbeiten…Es öffnet sich das Fenster Wiedervorlagemarkierung.

Sie haben die Möglichkeit, die E-Mail in 3 Varianten zu markieren und Text einzufügen. Und Sie können sich minutengenau erinnern lassen. Mit dieser Funktion legen Sie für sich selbst auf Wiedervorlage, um zum passenden Zeitpunkt neu zu entscheiden. Versionen 6.5 und 7.0 nennen es Nachfassen. Ab 7.0 gibt es auch eine Schnellmarkierung. Ab 7.0 können Sie das Fähnchen auch ausgehenden E-Mails anhängen, sodass der Empfänger erinnert wird.

Wiedervorlagemarkierung Lotus Notes 6.5 – 8.0

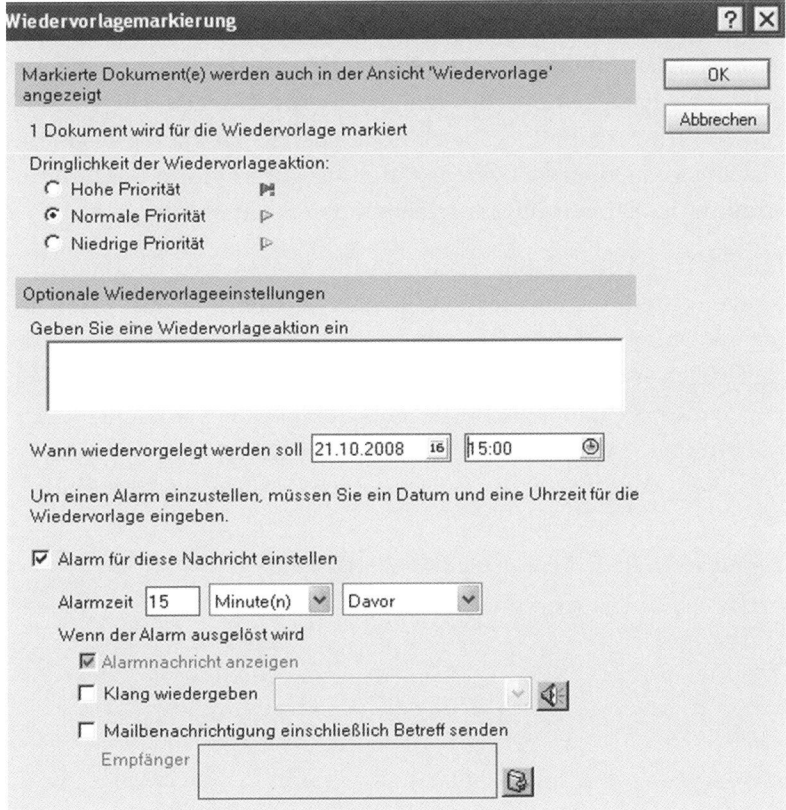

Das Besondere: Die nachzufassenden E-Mails befinden sich zusätzlich auf einem Klemmbrett, der Mini-Ansicht Wiedervorlage. Sie können diese Ansicht mit der Maus nach oben und zur Seite schieben, um alle Informationen lesen zu können. Die einzelnen Oberbegriffe des Klemmbretts können Sie mit gedrückter Maus in die richtige Position schieben. Sobald Sie eine Mail zur Wiedervorlage markieren, landet sie automatisch auf diesem Klemmbrett. Sie bleibt aber noch im Eingang oder unter Gesendet und ist durch das Fähnchen markiert.

Überwachen mit der Aufgabenliste

Sie können Wiedervorlagen auch als Aufgaben in die Aufgabenliste eintragen. Dort können Sie mit Kategorien arbeiten, Prioritäten vergeben, die Fälligkeit überblicken, den Status einsehen. Die Unterlagen zur Wiedervorlage – soweit noch Papier – bewahren Sie in der Platzablage in einer Hängeregistratur auf. Alternativ in der Ordnerstruktur der E-Mails oder auf dem Laufwerk (Explorer).

Das sind die Vorteile: Sie können an Ihren Vorgängen kontinuierlich weiterarbeiten, nichts wird auseinandergerissen und das Team findet die Unterlagen schneller, weil thematisch und übersichtlich – sogar farblich – sortiert in der Hängeregistratur. Es mag paradox klingen: Durch die klare und logische Trennung der beiden Funktionen Überwachen und Unterlagen schaffen Sie Übersicht und Expansionsmöglichkeiten. Zur Struktur der Platzlage schauen Sie in die Arbeitshilfen.

Tag auf einen Blick: Seitenleiste **Lotus Notes 8.0**

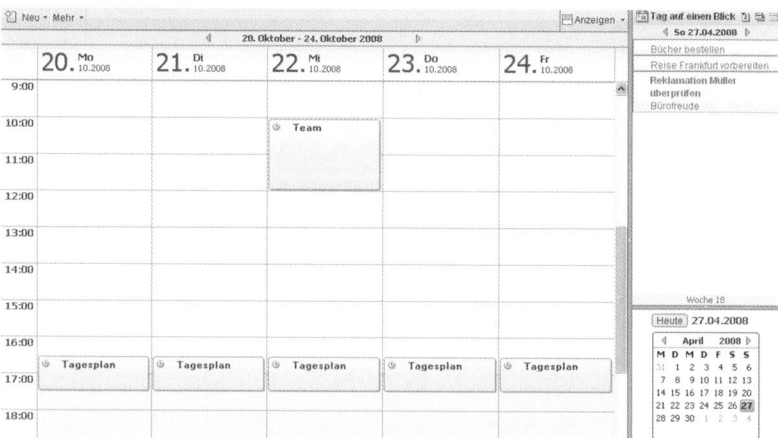

Lotus Notes 8.0 hat eine Besonderheit, die Seitenleiste. Hier im Ordner Kalender. Wechseln Sie in die Kontakte oder Nachrichten, bleibt diese Darstellung erhalten. So können Sie die Aufgabenliste auf einen Blick übersehen: Ansicht/Seitenleiste/Geöffnet/Tag auf einen Blick/letztes Symbol.

7 Störungen

7.1 Störfaktoren und Lösungen

Ein perfektes Terminmanagement nützt nichts, wenn Sie ständig gestört werden. Plötzlich machen Sie Fehler, Sie brauchen länger, Sie werden gereizt, Überstunden drohen. Produktiv und zufrieden sind Sie nur, wenn Sie konzentriert – und in Ruhe – Ihre Aufgaben nicht nur aufschreiben, sondern auch erledigen können. Wenn Sie immer wieder neu beginnen müssen, dann kostet das Zeit und Mühe, um wieder an den Leistungspunkt heranzukommen. Dazu kommt: Je häufiger Sie unterbrochen werden, desto weniger Lust haben Sie weiterzuarbeiten.

Im Office ist das Telefon Störfaktor Nr. 1. An zweiter Stelle stört der Chef – man mag es kaum glauben – und an dritter Stelle stören die lieben Kollegen.

Das Telefon können Sie nicht abstellen, den Chef können Sie nicht entlassen und die Kollegen können Sie auch nicht tauschen. Was also tun?

Sie legen ein Störprotokoll an. Sie müssen herausbekommen, wo in Ihrer konkreten Arbeitssituation die Störfaktoren liegen. Erst wenn Sie die Ursachen schwarz auf weiß vor Augen haben, gewinnen Sie auch die Überzeugungskraft, die Sie brauchen, um etwas ändern zu können.

Mit dem Störprotokoll lernen Sie Ihre Störfaktoren kennen. Das macht eine Woche lang ein bisschen mehr Arbeit, bringt Ihnen aber Klarheit. Und vielleicht fallen Ihnen dabei zusätzlich – ganz spontan – einige Möglichkeiten ein, die Störungen auch zu beheben.

Hier der Auszug aus einem Störprotokoll.

Die Assistentin bearbeitet seit 9:00 Uhr die komplizierte Reisekostenabrechnung einer 10-Tage-Reise in die USA:

Störprotokoll

Unterbrechungen im Sekretariat

Unterbrecher	Uhrzeit	Dauer	Anlass
Chef	9:16	8 Minuten	Morgenkaffee
Kollegin	9:30	4 Minuten	Nachfrage klären
Kollege	10:01	3 Minuten	Kann ich schnell rein?
Anruf	10:30	5 Minuten	Absprache Meeting
Anruf	10:37	1 Minute	Termin vereinbart
Anruf	10:45	4 Minuten	Steuerbüro will Unterlagen
Chef	10:55	5 Minuten	Schnell was kopieren

Analysieren Sie:

➤ Treten die Störungen zu bestimmten Zeiten besonders häufig auf?
Ja, ab 10 Uhr wird es hektisch!

➤ Sind es kleine, aber häufige Unterbrechungen?
Ja, viele kleine Unterbrechungen, ich werde immer wieder aus meiner Arbeit herausgerissen!

➤ Sind es bestimmte Personen, die Sie stören?
Vor allem die Telefonate stören. Mein Chef ist etwas ungeduldig.

Aus diesem sehr kleinen Ausschnitt aus einem Vormittag im Office lassen sich bereits Schwachstellen ablesen.

Störzeiten

Störzeiten lassen sich voraussagen. Hier ist grafisch dargestellt, wie häufig Störungen zu jeder Stunde des Tages durchschnittlich auflaufen. Es zeigt sich, dass in der Zeit von 10–12 Uhr Störungen am häufigsten auftreten, dass sie in der Mittagspause abklingen. Nach 14 Uhr, wenn alle wieder zurück sind, steigen sie noch einmal an und flachen dann ab. Vor 9 Uhr, in der Mittagspause und nach 17 Uhr ist es relativ ruhig: Das sind die Randzeiten.

Durchschnittlicher Prozentsatz an Störungen in der Zeit von 7 bis 19 Uhr

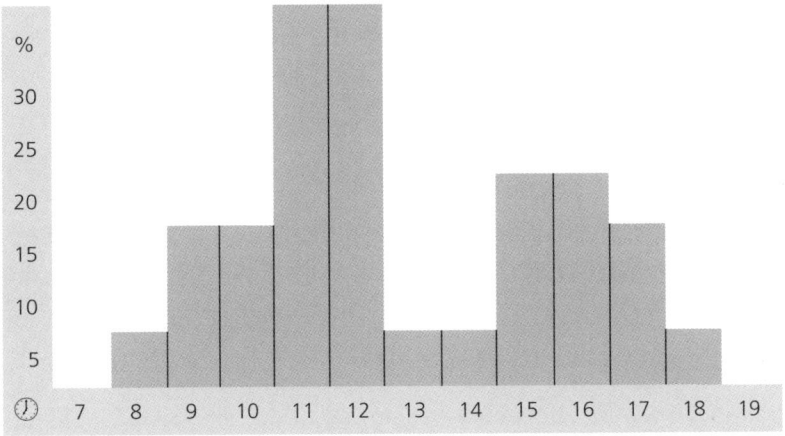

Wie sehen die Störzeiten in Ihrem Office aus?

➤ Schreiben Sie einige Tage alle Störungen minutiös auf
   Dazu gibt's ein Formular unter Arbeitshilfen

➤ Erstellen Sie Ihre persönliche Störkurve
   Dazu gibt's ein Formular unter Arbeitshilfen

Analysieren Sie anhand Ihrer Aufzeichnungen die Schwachstellen und überlegen Sie, welche Möglichkeiten Sie haben, Abhilfe zu schaffen.

Schwachstellen

> **Wann sind die Störungen am häufigsten?**
> Gibt es Mittel und Wege die Störungen zu reduzieren? Was ist dazu nötig? Wer kann Ihnen helfen?

> **Wer oder was stört am meisten?**
> Sind es bestimmte Personen? Könnte ein persönliches Gespräch helfen? Ist es das Telefon? Sind es Besucher? Ist es das ewige Kopieren? Steht der Kopierer weit weg? Was können Sie von sich aus organisatorisch ändern? Wer kann Sie unterstützen?

> **Gibt es überhaupt störungsfreie Zeiten?**
> Müssen Sie Ihren Tagesablauf neu organisieren? Andere Anfangs- und Endzeiten einrichten? Sich vertreten lassen? Geht das?

Zwei Stunden Konzentration schaffen

Wie kommen Sie – ausgerechnet im Office – zu einer ruhigeren Arbeitsatmosphäre, so ein bis zwei Stunden am Tag, für Aufgaben, die Ihre volle Konzentration erfordern? Sie meinen, das ist unmöglich? Bedenken Sie: 75–80 % der Arbeitszeit stehen Ihnen für alle anfallenden Aufgaben zur Verfügung – für alles und jedes. Nur 20–25 % benötigen Sie für die Sachbearbeitung, in die Sie immer mehr hineinwachsen. Ist es nicht vernünftig, hierfür auch die notwendige Arbeitszeit anzusetzen? Je konzentrierter Sie arbeiten können, desto schneller sind Sie fertig.

Die folgenden Lösungen zielen darauf ab, Störungen so einzugrenzen, dass Sie – zumindest für einen begrenzten Zeitraum – produktiv arbeiten können.

Lösungen

> die stille Stunde nutzen

> das Telefon entschärfen

- Signale vereinbaren
- Teamwork praktizieren

Lösung 1: Die stille Stunde nutzen

Sie kommen freiwillig früher oder gehen freiwillig später, um eine komplexe Aufgabe konzentriert zu bearbeiten.

Die stille Stunde in den Randzeiten ist nur dann still, wenn Sie in dieser Zeit auch konsequent still arbeiten. D. h. Sie nehmen garantiert keine Anrufe entgegen, Sie übernehmen garantiert keine anderen Aufgaben. Sie haben einen Termin mit sich selbst!

> Motto: Ich bin nicht da!

Lösung 2: Das Telefon entschärfen

Das Telefon zeitweise auf eine Sprach-Box umzustellen, ist sehr geschäftsmäßig. Das dürfen Sie! Aber begrenzen Sie die Zeit: auf 30 Minuten, auf eine Stunde oder zwei – je nach der Turbulenz Ihres Office.

> „Dies ist die persönliche Sprach-Box von …
> In einer Stunde bin ich wieder für Sie da.
> Bitte haben Sie ein wenig Geduld. Ich vergesse Sie nicht!"

Und genau nach dieser Zeit rufen Sie zurück, bedanken sich für die Geduld und erledigen den Auftrag. Geben Sie Ihren Kunden und Partnern die Gewissheit, dass sie nicht vergessen werden.

Freunde haben mir erzählt, dass in den USA Geschäftspartner sehr vorsichtig sind mit der Benutzung des Telefons: „Vielleicht ist der Angerufene mit einer wichtigen Arbeit beschäftigt und ich störe!"

Viel eher nutzt man E-Mail. Das ist ebenso schnell, hat aber den großen Vorteil, dass Aufgaben vom Empfänger gebündelt bearbeitet werden können. Damit steigt die Produktivität.

Lösung 3: Signale vereinbaren

> „Ich habe Zeit für dich" signalisiert die geöffnete Tür.
> „Ich arbeite konzentriert. Bitte, unterbreche mich nicht"
> signalisiert die geschlossene Tür.

Solche Signale müssen aber gegenseitig vereinbart werden. Das kann als Mail verteilt oder in einer Konferenz vorgetragen werden.

Wenn Sie lieber ein witziges Türschild aufhängen, bitte sehr! Machen Sie deutlich, wann Sie wieder zu sprechen sind:

> „Warte, warte noch ein Weilchen ...
> Ab 14:14 geht's wieder los."

Zum Türschild gehört eine Tür. Wenn Sie die nicht haben, weil Sie in einem mobilen Office arbeiten, signalisieren Sie auf andere Weise:

> Bunte Flagge auf dem Schreibtisch – Konzentrationsphase
> Weiße Flagge auf dem Schreibtisch – Kommunikationsphase

Lösung 4: Teamwork praktizieren

Man hat herausgefunden, dass Office-Mitarbeiter und -Mitarbeiterinnen hoch qualifiziert sind, dass es ihnen aber schwer fällt zu kooperieren. Wenn Sie erst erkennen, wie viel einfacher der Büroalltag durch Kooperation abläuft, wenn Sie erst erkennen, wie viel mehr Erfolg Sie durch Kooperation gewinnen, dann ist es gar nicht so schwer, den ersten Schritt zu tun, auf eine Kollegin, auf einen Kollegen zuzugehen und eine Arbeitsteilung zu probieren: Sich in der Mittagspause abwechseln, das Telefon umstellen, Checklisten austauschen …

Vorbehalte

Wollen Sie wirklich Zeit für konzentriertes Arbeiten schaffen? Oder haben Sie Vorbehalte:

➤ Das geht bei uns nicht!

  Warum eigentlich nicht? Gewohnheit?

➤ Das verärgert den Chef oder die Kollegen!

  Wenn Sie Ihren Wunsch freundlich und sachlich ansprechen, warum sollten Sie dann kein Gehör finden?

➤ Dann habe ich nachher viel mehr Arbeit!

  Vielleicht, aber Sie haben auch Zeit und Ruhe schnell zu arbeiten, keine Fehler zu machen, frisch nach Hause zu gehen. Und regelmäßige Absprachen bringen immer Langzeiterfolge. Also nicht gleich beim ersten Mal aufstecken.

➤ Dann bin ich nicht voll informiert!

  Machen Sie eine persönliche Übergabe. Sprechen Sie mit Ihrer Kollegin oder Ihrem Kollegen. Gehen Sie die Fälle gemeinsam durch. Beide lernen Sie dazu. Die persönliche Kommunikation ist immer noch die effektivste.

7.2 Ab und zu auch „nein" sagen können

Es ist ja so schön, „ja" zu sagen! Wer „ja" sagt, ist beliebt, bekommt Geschenke, macht Karriere. Aber wer „ja" sagt, muss auch „ja" tun.

Und das kann Konsequenzen haben. Vielleicht Überstunden, weil man sich nicht getraut hat „nein" zu sagen? Vielleicht Sanktionen, weil man nicht „flexibel" ist?

„Nein" sagen ist aber gar nicht schwer. Man kann „nein" auf sehr freundliche, auf sehr charmante Weise sagen, ohne den anderen zu verletzen. Dann steigt sogar das Selbstbewusstsein. Das bringt Erfolg und Anerkennung.

Situation

Sie wollen nach Hause, dort wartet Ihr Kind, Ihr Chef aber verlangt Überstunden. Unterschiedliche Interessen stehen sich gegenüber. Der Wunsch, diese gleichzeitig zu realisieren, schafft den Konflikt. Wie kommen Sie da heraus?

Gemeinsam eine Lösung finden

➤ Erst einmal zuhören.
   Aktiv zuhören gibt dem anderen das Gefühl „Ich bin wichtig, ich werde geachtet". Das bedeutet: ausreden lassen, Zuwendung signalisieren.

➤ Abwägen, was der andere will. Abwägen, was man selber will. Welche Konsequenzen hat ein „ja", welche Konsequenzen hat ein „nein"?

➤ Die eigenen Gedanken anschaulich darstellen.
   Das bedeutet: Mit eigenen Worten formulieren. Keine Monologe halten. Die eigene Befindlichkeit ansprechen.

➤ Aufeinander zugehen. Gemeinsam eine Lösung suchen.
   Weise Ratschläge helfen nicht weiter. Schuldzuweisungen sind fehl am Platz. Killerphrasen wie „Seien Sie flexibel" zerstören jeden Dialog. Ihr Ziel sollte eine gegenseitig abgestimmte Lösung sein: Entweder ein freundliches „nein" oder ein Kompromiss mit dem beide leben können.

Wie würden Sie entscheiden?

A	Sie sagt „nein", das Kind kann nicht warten.
B	Sie sagt „nein" und nimmt die Unterlagen mit nach Hause.
C	Sie sagt, das tut mir sehr Leid, gerade heute habe ich niemanden, der auf das Kind aufpassen kann. Wenn Sie mir einen Tag vorher Bescheid geben, kann ich mich einrichten. Bitte fragen Sie meine Kollegin, ob Sie Ihnen helfen kann.
D	Sie sagt „ja" und er schickt einen Babysitter.
E	Sie sagt „ja" und bekommt Gehaltserhöhung.
F	Sie sagt „ja" und meldet sich am nächsten Tag krank.

7.3 So klappt's mit dem Chef

Der Gedanke, dass der Chef die Arbeit stört, ist unvorstellbar. Aber das kommt vor. „Eigentlich müssten unsere Chefs hier sitzen", wünschen sich die Teilnehmerinnen in meinen Seminaren.

Warum klappt es nicht mit dem Chef?

➤ Er verschwindet, ohne zu sagen wohin.

➤ Er bringt nichts zurück.

➤ Er will alles sofort.

➤ Er findet nichts.

➤ Er fragt ständig nach.

➤ Er will von allem eine Kopie.

➤ Er informiert mich nie über Termine.

Sind Chefs planlos, ziellos, kopflos? Wohl nicht!

Chefs arbeiten anders

- Chefs machen keine Pausen.
- Chefs behalten Informationen gern für sich.
- Chefs machen vieles gerne selbst.

Täglich fünf Minuten

Damit Sie nicht aneinander vorbeiarbeiten, ist das tägliche 5-Minuten-Gespräch mit Ihrem Chef – auch Ihrer Chefin – unbedingt notwendig. Es reicht nicht zu fragen „Gibt es etwas Neues?". Kurz und bündig sollte besprochen werden. Hier nur einige Anhaltspunkte:

Routinefragen an Chefs

- Welche Termine haben Sie inzwischen gemacht?
- Was ist gestern noch passiert?
- Wie sehen heute die Prioritäten aus?
- Sind Besuchstermine vorgesehen?

Diese fünf Minuten sind für beide Seiten gut angelegt. Sie vermindern Fehlplanung, Zeitverlust, Ineffektivität und Reibung. Und sie stärken die Zusammenarbeit.

Schaffen Sie Sympathie

Das tägliche 5-Minuten-Gespräch können Sie noch erweitern. Einmal pro Woche in lockerer Atmosphäre zusammensitzen ist ein Erfolgsrezept, um alle aufgelaufenen Fragen und Probleme durchzusprechen. Nehmen Sie – beide – dieses Gespräch sehr wichtig, mit festem Termin im Terminplaner. Genauso wichtig wie die Abteilungsleiterkonferenz.

Nutzen Sie im Gespräch auch die rückblickende Betrachtung, das Feedback: Was ist in dieser Woche gut gelaufen? Was können wir nächstes Mal besser machen? Waren wir erfolgreich? Gibt es etwas zu feiern?

Das Verhältnis Chef und Assistentin oder auch Chefin und Assistent ist ein partnerschaftliches, von Achtung und Respekt geprägtes Arbeitsverhältnis – für beide. Wenn jeder auf den anderen ein bisschen zugeht, kann die Zusammenarbeit kontinuierlich gedeihen. Alle haben etwas davon: Chef, Assistenz und Unternehmen.

8 Selbstmanagement

8.1 Erfolgreich sein

Vor über hundert Jahren entdeckte der italienische Ökonom Vilfredo Pareto, dass Reichtum im England des 19. Jahrhunderts unausgewogen verteilt war: Eine Minderheit von 20 % der Einwohner verfügte über 80 % der Einkommen und des Vermögens. Unausgewogenheit war sogar berechenbar: 10 % der Bevölkerung hielten 65 % des Reichtums, 5 % der Bevölkerung aber 50 Prozent.

Später fand diese Erkenntnis als 20/80-Prinzip ihren Niederschlag im Wirtschaftsleben, zuerst in Japan, dann in den USA.

IBM entdeckte Anfang der 60er-Jahre, dass rund 80 % der Softwarezeit auf die Ausführung von nur 20 % der Befehle entfällt. Das Unternehmen schrieb sofort seine Betriebssoftware um. Später setzten Firmen wie Apple, Lotus oder Microsoft auf das 80/20-Prinzip mit noch größerem Enthusiasmus, um preiswerte und benutzerfreundliche Computer herzustellen.

Ein praktisches Beispiel

Wenn Sie wissen wollen, was in einem Buch, einem Bericht, einer Broschüre steht, dann lesen Sie den Schluss, überfliegen die Einleitung und noch einmal den Schluss; blättern kurz durch, um interessante Stellen zu finden. Danach wissen Sie – mit dieser Arbeitstechnik – zu 80 % Bescheid; zum Lesen benötigen Sie aber nur 20 % der Zeit. Das Entscheidende ist: Sie wissen, welche 20 % Sie aufwenden müssen, um 80 % Erfolg zu erreichen. Sie haben eine Lesestrategie.

Solche 80/20-Strategien können Sie auch für Ihr Office entwickeln.

Selbstmanagement

Die Erfolgsstrategie nach dem Pareto-Prinzip

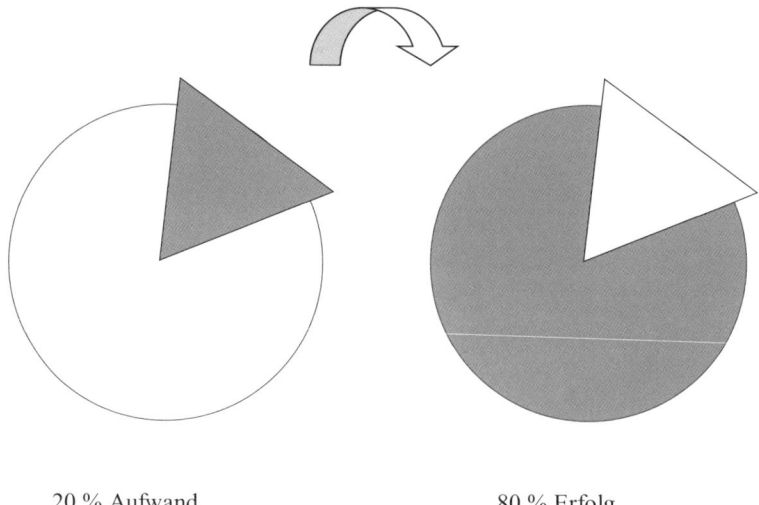

20 % Aufwand   80 % Erfolg

Erfolgsstrategien für Ihr Office

Wie kommen Sie zu einer Erfolgsstrategie? Durch Überlegung!

➤ Bei welchen Aufgaben sind Sie überaus erfolgreich? Gehen Sie Ihre Aufgabenliste durch. Prüfen Sie Ihre Erfolge.

➤ Bei welchen dieser erfolgreichen Aufgaben haben Sie mit wenig Aufwand viel erreicht? Dazu gibt's ein Formular unter Arbeitshilfen.

➤ Können Sie daraus eine Strategie ableiten?

Meine Erfolgsaufgaben

Aufgaben und Tätigkeiten	wenig Aufwand, viel Erfolg	viel Aufwand, wenig Erfolg

Die Kernfrage ist: Wie haben Sie es geschafft, den Aufwand gering zu halten? Wie ist das gelungen? Welche Mittel haben Sie eingesetzt?

Nicht fleißige Betriebsamkeit hilft weiter. Sie können stundenlang an Unterlagen arbeiten, mit Geschäftspartnern telefonieren. Damit sind Sie beschäftigt, das kann sogar angenehm sein. Aber sind Sie damit auch erfolgreich? Anerkannt? Wertgeschätzt?

Es gibt Chefs, die stellen ihren Mitarbeitern oder Mitarbeiterinnen absichtlich Aufgaben, die in der vorgegebenen Zeit nicht zu schaffen sind. Getestet werden soll, ob sie in der Lage sind, genau die Aufgaben zu erkennen, um mit 20 % Aufwand 80 % Erfolg abzuliefern. Wohlgemerkt 80 % Erfolg und nicht 100 %. Perfektion ist aufwendiger. Brauchen Sie Perfektion?

8.2 Verantwortung übernehmen

Wer bin ich?

Selbstmanagement will Sie befähigen, Ihre Bedürfnisse, Ihre Fähigkeiten zu erkennen.

Deshalb finden Sie hier vier Leitfragen für die Antworten an Sie selbst. Müssen Sie Ihre Ziele und Wünsche neu überdenken?

> **Welche besonderen Fähigkeiten und Fertigkeiten habe ich?**
> Eine besondere Ausbildung, vielleicht im Ausland? Besondere Kenntnisse, vielleicht Fremdsprachen, Informatik, Philosophie? Besondere Fertigkeiten, vielleicht in Kunst, Gestaltung, Technik, Sport? Wie lassen sich diese Fähigkeiten und Fertigkeiten in meine Arbeit einbringen? Werden sie wertgeschätzt? Habe ich Wettbewerbsvorteile?

> **Welche Kompetenzen habe ich?**
> Sind diese Kompetenzen schriftlich fixiert in einer Stellenbeschreibung oder haben sie sich im Laufe der Zeit so entwickelt? Was mache ich, wenn mein Chef geht? Entsprechen die Kompetenzen meinen Wünschen? Steigt dadurch mein Prestige oder macht das nur mehr Arbeit? Will ich mehr Einfluss? Mit welcher Strategie?

> **Was ist mir bei meiner Tätigkeit wichtig?**
> Welches sind für mich die drei wichtigsten Werte? Worauf lege ich den größten Wert? Kann ich das in meinem jetzigen Aufgabengebiet ausleben? Muss ich etwas ändern? Wer könnte mir behilflich sein?

- Anerkennung
- Einkommen
- Fachkompetenz
- Führungsposition
- Herausforderung
- Kontakt
- Kreativität
- Ordnung
- Selbstständigkeit
- Sicherheit

> **Welcher Arbeitsbereich entspricht mir?**
> Bin ich richtig eingesetzt? Würde ich gerne in einer anderen Position arbeiten? Was habe ich bisher erreicht? Wie soll es weitergehen?

Die Arbeit überdenken

Reflexion bedarf es auch bei der Arbeit selbst. Wie erledige ich meine Aufgaben? Bin ich mit mir zufrieden? Sind auch die anderen mit mir zufrieden?

Nachdenken allein genügt nicht, zum Untermauern Ihrer Wünsche benötigen Sie Fakten und die liefern Ihnen Ihre Aufgabenliste und die Tagespläne.

Probieren Sie es einmal aus. Am Ende einer Woche nehmen Sie sich eine halbe Stunde extra Zeit und gehen in Gedanken die Woche durch:

Gedanken über meine Arbeit

> Habe ich die Prioritäten richtig gesetzt?

> Habe ich den Zeitbedarf richtig eingeschätzt?

> Habe ich ausreichend Pufferzeiten vorgesehen?

> Habe ich das Richtige zum richtigen Zeitpunkt getan?

> Was mache ich nächste Woche besser?

Die eigenen Arbeitsgewohnheiten überprüfen

Manchmal behindert man sich selbst. Die eigenen Hindernisse zu erkennen ist auch ein Ziel des Selbstmanagement: In einer ruhigen Minute über die eigene Arbeitsleistung nachzudenken und Verbesserungsmöglichkeiten zu suchen ist ein guter Schritt. Das bringt Erkenntnis, Selbstvertrauen und Durchsetzungskraft.

Nicht erst Anordnungen von oben abwarten, sondern durch eigene Initiative, durch eigene Reflexion neue Wege suchen und finden. Oft kennen Sie Ihre kleinen Schwächen ja, aber Sie schieben Sie weg. Hier ist der richtige Ort, sie zu akzeptieren – und abzustellen.

> *Schwäche Nr. 1: Aufgaben aufschieben*
> Bei manchen umfangreichen Aufgaben läuten schon mal die Alarmglocken. Sie bauen sich Barrieren auf. Das schaffe ich nie! Bei welchen Aufgaben passiert Ihnen das? Dagegen gibt es einen einfachen Trick: Die umfangreiche Aufgabe wird zwar nicht kleiner, aber in kleine Stücke zerlegt. Sie bearbeiten zum Beispiel einen Bericht von 100 Seiten in kleinen Portionen von je 20 Seiten. Jede einzelne Aufgabe schreiben Sie getrennt in Ihre Aufgabenliste und planen sie dann Stück für Stück terminlich ein. Wie das geht steht in Kapitel 5 Terminmanagement. Dann haben Sie täglich etwas abzuhaken. Es geht voran, der Berg wird kleiner. Das schlechte Gewissen auch.

> *Schwäche Nr. 2: Fleißig ohne Erfolg*
> Sie sind unheimlich fleißig und die Arbeit macht Ihnen auch Spaß. Ihr Schreibtisch quillt über. Sie sind beschäftigt, das sieht man. Trotzdem wachsen Ihnen die Dinge manchmal über den Kopf. Wie wird das besser? In all der Betriebsamkeit einen geistigen Stopp einbauen: Erst überlegen, dann loslegen. Habe ich die richtigen Prioritäten gewählt? Ist diese Sache wirklich sehr wichtig (A) oder nur eilig (C)? Oder trauen Sie sich nicht, „nein" zu sagen, wenn Ihnen wieder einmal ein Berg Arbeit auf den Tisch gelegt wird mit den Worten: „Das muss unbedingt noch heute raus!" Wie man „nein" sagt, lesen Sie in Kapitel 7 Störungen, wie man Prioritäten auswählt in Kapitel 5 Terminmanagement.

> *Schwäche Nr. 3: Das kann nur ich*
> Stimmt das wirklich? Gibt es wirklich niemanden, der Sie ersetzen kann? Haben Sie es noch nie ausprobiert? Wie lange machen Sie den Job schon? Wann waren Sie zuletzt bei einer Fortbildung? Sind Sie bei den Kollegen beliebt? Was sagt Ihr Chef?

> *Schwäche Nr. 4: Perfekt sein wollen*
> Sie dürfen perfekt sein. Dieses Buch heißt ja so. Doch sind Sie vielleicht überperfekt? Haben Sie Angst, etwas falsch zu machen? Wurden Sie für einen Fehler schon einmal bloßgestellt oder sanktioniert? Ist das schon einmal vorgekommen? Was kostet Ihr Perfektionismus? Lohnt sich das? Niemand ist immer perfekt. Manchmal ist es auch angebracht, nur zu 80 % perfekt zu sein. Vertrauen Sie darauf, dass Sie gut sind. Das stärkt Ihr Selbstvertrauen.

8.3 Berufliche und private Ziele im Gleichgewicht

In einer Zeit, in der die Anforderungen an die beruflichen Aufgaben ständig steigen, wo Flexibilität zum Schlagwort wird, in einer Arbeitswelt der Veränderungen und Fusionen kommen wir nur zurecht, wenn wir die Arbeit nicht als einziges Mittel des persönlichen Erfolgs sehen. Die Arbeit hat einen wichtigen Stellenwert im Leben eines jeden Menschen, aber sie ist nicht alles. Wir brauchen Gegenpole zur Arbeit. Was könnte das sein?

Gegenpole zur Arbeit

> eine gute Beziehung zum Partner

> Pflege von Freundschaften

> Beschäftigung mit Kindern

> eine sportliche oder künstlerische Betätigung

> Besuch kultureller Veranstaltungen

> ausreichend Zeit für Erholung

Wo stehen Sie? Haben Sie davon schon einiges verwirklicht? Gibt es hier Nachholbedarf? Solchermaßen ausgestattet, trotzen Sie auch schweren Stürmen im beruflichen Umfeld.

Im neuen Zeitmanagement hat man diese Notwendigkeiten erkannt und geht dazu über, die Woche als erste Planungseinheit anzusetzen, weil sie Berufsleben und Privatleben aufs Beste vereint.

Wochenpläne

Der Wochenplan bezieht die unterschiedlichen Rollen mit ein, die wir – beruflich wie privat – einnehmen, die für unser Leben wichtig sind und die wir nicht aus den Augen verlieren dürfen:

Im Beruf die Rolle der qualifizierten Mitarbeiterin oder des qualifizierten Mitarbeiters, die Rolle der Kollegin oder des Kollegen, des Betriebsrats- oder Ausschussmitglieds, der Chefin oder des Chefs. Privat die Rolle der Ehefrau oder des Ehemanns, der Lebenspartnerin oder des Lebenspartners, der Freundin oder des Freundes, der Mutter oder des Vaters, der Sportlerin oder des Sportlers. Wenn es gelingt, diesen Rollen Aufmerksamkeit, d. h. auch Zeit, zu schenken, dann stimmt die Lebensbalance.

Der Wegbereiter

Stephen R. Covey, Die sieben Wege zur Effektivität. Prinzipien für persönlichen und beruflichen Erfolg. Gabal 2007. Auch als Kartendeck und als Audio-CD.

9 Tagesablauf

9.1 Wo bleibt Ihre Arbeitszeit?

Einen Überblick verschaffen

Fragen Sie sich manchmal, was Sie eigentlich den ganzen Tag gemacht haben? Den Tagesablauf gut zu organisieren, dazu gehört eine Menge Talent. Um richtig gut zu sein oder zu werden, fügen Sie noch eine Portion Selbstmanagement hinzu. Überprüfen Sie – durchaus in regelmäßigen Abständen – in was Sie Ihre Arbeitszeit investieren. Sie werden erstaunt sein.

Für einen Wochenüberblick benötigen Sie Ihre Aufgabenliste und Ihre Tagespläne der Woche. Dort sind Ihre Aktivitäten mit Zeitbedarf dokumentiert. Fassen Sie dann zusammen:

➤ Wie viel Zeit habe ich für Telefongespräche verwendet?

➤ Für den Schriftwechsel?

➤ Für Kontakte im Office?

➤ Für Sitzungen, Meetings, Konferenzen und deren Nachbearbeitung mit Protokollen?

➤ Welche Sachbearbeitungsaufgaben habe ich erledigt? Z. B. Reisekostenabrechnungen, Redaktion von Berichten, Materialbeschaffung?

➤ Wie steht es mit Planungs- und Organisationsaufgaben? Z. B. Reise- und Besuchsplanung oder für die Tagespläne?

Die Ergebnisse übertragen Sie dann in die folgende Aufstellung. So haben Sie Fakten für die Neuorganisation in Ihrem Office. In den Arbeitshilfen finden Sie das Formular für eine Wochenbeobachtung.

Die Summe Ihrer Tätigkeiten

Wo bleibt Ihre Arbeitszeit?	Stunden
Posteingangs-Routine: Post, E-Mail, Fax, Infos	
Schriftwechsel: Briefe, E-Mails, Fax schreiben und beantworten	
Telefon: eingehend und ausgehend	
Kontakte intern: zu Chef, Kollegen, Mitarbeiter	
Infos beschaffen und lesen: Wissensmanagement, Fortbildung	
Sitzungen, Meetings, Konferenzen: incl. Vor- und Nachbearbeitung (Protokolle)	
Planung und Organisation: (Reisen, Besuche, Events, Tagesplan)	
Sachbearbeitung: (Abrechnungen, Redaktion, Materialbeschaffung)	
Arbeitszeit gesamt in Stunden	

Sind Sie mit dem Ergebnis zufrieden? Können Sie einige Arbeiten weglassen oder delegieren? Nur mit Fakten können Sie argumentieren und Ihre Arbeit im Office effektiv und effizient gestalten.

Was machen Sie wann?

Vielleicht beginnen Sie den Tag erst einmal mit Kleinigkeiten und mit einer Tasse Kaffee, um sich in Schwung zu bringen für einen interessanten Tag. Gut begonnen ist halb gewonnen.

Dann sollten Sie aber konzentriert nach Plan loslegen. Erfahrungsgemäß sind die Morgenstunden ideal für schwierige Aufgaben, weil man dann noch frisch ist und hoffentlich weniger gestört wird. Sonst richten Sie eine stille Stunde frühmorgens ein.

Die einfachen Aufgaben sind gut nach der Mittagspause platziert. Das ganze Geheimnis eines wohl ablaufenden Arbeitstages im Office ist: Aufgaben bündeln, Abläufe optimieren.

Nicht mal schnell ein Telefonat, dann zum Kopierer, eine schnelle E-Mail prüfen, die Eingangspost zwischendurch erledigen, eine Kollegin beruhigen ... Besser ist es, Aufgaben zu bündeln und sie in einer sinnvollen Reihenfolge zu bearbeiten. Und dabei konsequent zu sein.

Bündeln Sie Ihre Aufgaben

> **Sachbearbeitung im Block**
> Dazu eignet sich am besten der frühe Morgen. Nicht erst mit vielen Kleinigkeiten die beste Zeit vergeuden, sondern gleich zur Sache gehen. Deshalb machen Sie ja den Tagesplan am Vorabend, damit Sie morgens frisch und tatenfroh die wichtigen Dinge erledigen können. Das macht ein gutes Gefühl für den ganzen Tag.

> **Telefonate im Block**
> Hier sind die Telefongespräche gemeint, die Sie zu führen haben. Wenn ein Gesprächspartner nicht erreichbar ist, machen Sie mit dem nächsten weiter. So vermeiden Sie lange Wartezeiten. Am besten merken Sie sich im Tagesplan einen festen Termin für Telefongespräche vor. Günstige Telefontermine sind: 10–12 Uhr und 14–15 Uhr.

Wie Sie mit eingehenden Telefongesprächen umgehen steht im Kapitel 7 Störungen.

> **Posteingang im Block**
> Dies ist beispielhaft für die Ablaufplanung in Kapitel 3 Posteingang beschrieben.

> **Schriftwechsel – ob Fon, ob E-Mail, ob Fax – im Block**
> Übrigens: Es wurde untersucht, wann im Office E-Mail, Fax oder Fon den Vorzug erhalten. Hier das Ergebnis: Wenn es um Fakten geht, wird das Fax gewählt. Also Auftragsbestätigung, Formular, Anmeldung etc. Wenn die Angelegenheit verbindlich mitgeteilt werden soll, wählt man eher Brief oder E-Mail. Das Telefon wird eingesetzt, um eine schwierige Angelegenheit zu klären, eine Reklamation zum Beispiel. Die meisten Gesprächspartner nehmen den Hörer links ab. So wird der Anruf zuerst von der rechten Gehirnhälfte aufgenommen, und die ist weitaus konzilianter als die linke. Ein Tipp also für alle schwierigen Verhandlungen und Gespräche: nicht per Brief oder Mail, nicht per Fax, sondern per Fon.

Quelle: Equisys, London

> **Planungsaufgaben im Block**
> Nichts ist schlimmer als aus organisatorischen Arbeiten immer wieder herausgerissen zu werden. Zu leicht verliert man den roten Faden. Wenn es einmal doch nicht zu ändern ist, denken Sie den nächsten Schritt schon vor, machen sich eine kurze Notiz und unterbrechen erst dann. So kommen Sie in eine schwierige Materie schneller wieder rein.

> **Pausen zwischen den Blöcken**
> Das muss unbedingt sein, wenn Sie sehr konzentriert gearbeitet haben. Auch ein Wechsel zwischen kurzen, konzentrierten Tätigkeiten (Vorgänge, Berichte, Statistik) und Routinetätigkeiten (Posteingang, Postausgang) hilft gegen Ermüdung.

So könnte ein Tagesablauf aussehen: 2 Varianten

Tagesablauf 50 % der Arbeitszeit verplant
Sachbearbeitung
Kontakte
Posteingang
Telefonate
Schriftwechsel
Sitzungen, Meetings, Konferenzen
Postausgang
Tagesplan

Tagesablauf 50 % der Arbeitszeit verplant
Planung und Organisation
Telefonate
Posteingang
Kontakte
Schriftwechsel
Infos beschaffen und lesen
Postausgang
Tagesplan

Diese Übersicht soll Ihnen eine Idee davon geben, wie Sie Ihren Tagesablauf routinierter gestalten können, natürlich in Absprache mit Kollegen, Mitarbeitern und Chef und Chefin.

Letzte Fragen

Es ist kurz vor Arbeitsende. Haben Sie die Dinge auf den richtigen Weg gebracht? Haben Sie sich heute wohl gefühlt?

	Arbeitsende	✔
1	Eingangskörbchen leer?	
2	Ausgangskörbchen leer?	
3	Papierkorb voll?	

4	Wiedervorlage überschaubar?	
5	Abzulegendes in den Ordnern?	
6	Tagesplan für den nächsten Tag erstellt?	
7	Schreibtisch einladend für den nächsten Tag?	

Und morgen beginnt ein neuer Tag!

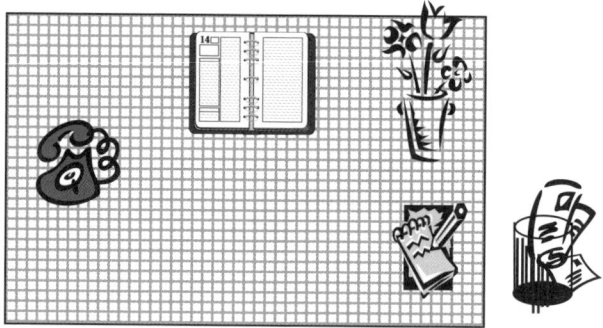

9.2 Wenn Sie nicht da sind

Wenn Sie nicht da sind, bricht alles zusammen. So sollte es nicht sein. Deshalb haben Sie vorgesorgt mit einem *Jobbuch, und zwar einem elektronischen*. Das klingt aufwendig, ist es aber nicht. Da findet Ihre Vertretung mit einem Klick alles, was sie für die Arbeit benötigt. In erster Linie soll das Jobbuch aber Sie selbst entlasten. Vor allem bei Aufgaben, die Sie nicht jeden Tag zu erledigen haben. Auch Chefs können sich ein Jobbuch anlegen. Sie legen darin fest, wie sie arbeiten, z. B. welche Wochenstandards sie eingesetzt haben oder worauf es beim Jour fixe ankommt. Nicht jeder Chef hat heute eine Sekretärin.

Im Unterschied zum klassischen Organisationshandbuch, das darauf ausgerichtet ist, die Unternehmensprozesse zu beschreiben, beschreibt das Jobbuch den „Arbeitssystem-Prozess", d. h. die Tätigkeiten einzelner Mitarbeiter am Arbeitsplatz. So detailliert kann das ein Organisationshandbuch nicht leisten. Ausgesprochen praktisch ist ein *Jobbuch im Team*, wenn Sie gemeinsame Standards dokumentieren, damit alle wissen, wo es lang geht.

Vorteile des Jobbuchs

- **Transparentes Office im Team**
  Informationslücken, die durch Abwesenheit entstehen, werden geschlossen. Arbeitsschritte können dokumentiert werden.

- **Optimaler Informationsfluss im Team**
  Alle haben Zugriff auf die Informationen. Neue Informationen können problemlos ergänzt werden. Der Papier-, Verteil- und Archivierungsaufwand verringert sich deutlich. Es gibt einen Verantwortlichen für die Aktualisierung.

- **Wissensmanagement im Unternehmen**
  Vom Spezialwissen der Mitarbeiterinnen und Mitarbeiter profitieren alle, wenn sie das Jobbuch zum Organisationshandbuch ausbauen. Am Ende eines jeden Kapitels steht, wer zuständig ist.

So legen Sie Ihr Jobbuch an:

Immer, wenn Sie eine interessante und schwierige Aufgabe zum ersten Mal angehen, notieren Sie in Ihrem Jobbuch, wie Sie das gemacht haben. Um etwas kurz zu notieren, brauchen Sie höchstens 5 Minuten. Auf perfekte Formulierung kommt es fürs Erste nicht an. Nur der Sachverhalt muss stimmen. Die Überarbeitung kann später erfolgen. Mit der Zeit wird das Jobbuch ein gutes Nachschlagewerk.

Jobbuch Deckblatt und Inhaltsverzeichnis (Auszug)

Jobbuch

Lisa Musterfrau

Inhalt

So arbeiten Sie mit dem Jobbuch:................................
Aktenplan................................
Aktenverzeichnis................................
Alarmanlage................................
Anrufbeantworter bedienen................................
Ansprechpartner................................
Arbeitsplatzbeschreibung................................
Begriffe, wichtige................................
Besucher-Regelung................................
Bürokasse................................
Büromaterial bestellen................................
Dokumentnamen................................
Erste Hilfe................................
Formulare................................

Am besten legen Sie eine Datei in MS Word an mit Deckblatt und Inhaltsverzeichnis wie hier gezeigt. In eine Worddatei können Sie Hyperlinks einfügen und zwar Links innerhalb des aktuellen Dokuments wie auch zu Dateien und Websites. Ihr Jobbuch ist dann eine Art Cockpit, von dem aus Sie Ihre Dokumente steuern.

10 Sitzungen, Meetings, Konferenzen ...

Wenn Sachverhalte zu klären sind, Lösungen schwieriger Fragen anstehen oder ein Kreis von Mitarbeitern gut informiert sein soll, dann wird ein Treffen angesetzt. Abteilungsleiter treffen sich zu einer Sitzung; der Chef hat den Vorsitz. Wenn sich Kollegen zusammentun, um ein schwieriges Problem zu erörtern, nennt man das Meeting. Wenn sich die Mitglieder eines ganzen Fachbereichs zur monatlichen Fachbereichskonferenz versammeln, dann erwarten sie interessante Informationen. Sitzungen, Meetings, Konferenzen sind in diesen Beispielen interne Veranstaltungen, die gut vorbereitet sein wollen. Was können Sie im Office tun, um Ihren Chef zu entlasten?

10.1 Gut begonnen ist halb gewonnen

Zuallererst muss Ihr Chef, Ihre Chefin Ihnen die sechs Ws beantworten:

Wer?	Teilnehmer, Beteiligte, Vorsitz
Wie?	Sitzung, Meeting, Konferenz ...
Was?	Thema, Tagesordnung, Unterlagen
Wann?	Datum, Uhrzeit, Dauer
Wo?	Ort, Raum, Technik
Was noch?	

Jetzt beginnt Ihre Planung: Sie legen eine Mappe „Teamsitzung 20.10." an, holen Ihre Checkliste heraus, die Sie unter „Arbeitshilfen" finden, und los geht's. Ihren Chef halten Sie – zur Abstimmung – mit kurzen, aber regelmäßigen Notizen oder Mails auf dem Laufenden.

Planung von internen Veranstaltungen   *Stand 15.10.*

Teamsitzung 20.10.	Begonnen am:	Beendet am:	OK ✔
Start	10.10.		✔
Teilnehmer ausgewählt?	10.10.	10.10.	✔
Beteiligte informiert?	10.10.	10.10.	✔
Vorsitz geklärt?	10.10.	10.10.	✔
Thema abgesprochen?	10.10.	12.10.	✔
Tagesordnung abgestimmt?	12.10.	14.10.	✔
Datum, Uhrzeit, Dauer festgelegt?	10.10.	14.10.	✔
Ort, Raum gebucht?	10.10.	10.10.	✔
Unterlagen vorbereitet?	14.10.	15.10.	✔
Einladung mit Tagesordnung verteilt?	15.10.	15.10.	✔
Technik, Ausstattung geprüft?	15.10.		
Bewirtung geklärt?	15.10.		
Ende			

Teilnehmer, Beteiligte, Vorsitz

Sind die Richtigen ausgewählt?

Wie werden Sie einladen?

Sitzung, Meeting, Konferenz ...

Natürlich gibt es noch eine Reihe anderer Treffen im Unternehmen: ein Workshop zum Beispiel, wenn Schulung im Mittelpunkt steht. Oder eine Besprechung – sogar eine unter vier Augen –, wenn das persönliche Gespräch weiterbringen soll. Oder eine Mitarbeiterversammlung.

Die Raumgestaltung hat Auswirkungen auf das Ergebnis:

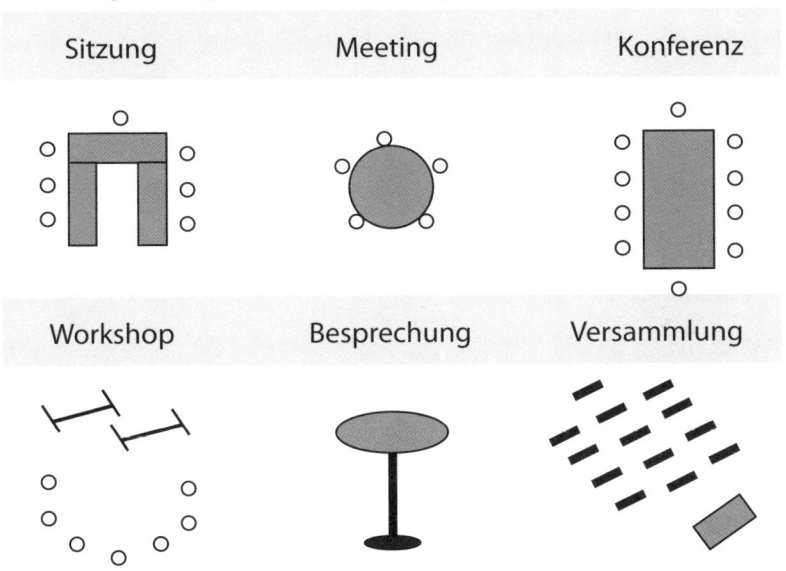

Thema, Tagesordnung, Unterlagen

Das Thema liegt in der Regel fest. Daraus ergibt sich die Tagesordnung mit der Themenübersicht. Es ist geschickt, alle Beteiligten von Anbeginn in die Gestaltung einzubinden. Das gibt diesen die Möglichkeit, auch eigene Themen einzubringen. Das kann sehr gewinnbringend sein.

Die Tagesordnung enthält die TOPs, das sind die Tagesordnungspunkte oder Themenschwerpunkte. Die sehr wichtigen (Priorität A) kommen zuerst. Jeder TOP bekommt einen geschätzten Zeitrahmen. Auch Beginn und Ende der Veranstaltung sind auf der Tagesordnung vermerkt; das schafft Terminklarheit.

Zusammen mit der Einladung leiten Sie die Tagesordnung weiter: an Teilnehmer, an Beteiligte und an den Vorsitzenden, möglichst einige Tage vorher. So haben alle zumindest die Chance, sich vorzubereiten.

Steht die Tagesordnung, ist auch klar, welche Unterlagen benötigt werden und ob Sie noch einiges herstellen müssen.

Was noch?

➤ Folien?

➤ Präsentation?

➤ Handout?

➤ Bericht?

Diese Aufgaben notieren Sie – ganz nach den Regeln des Terminmanagement – in Ihrer Aufgabenliste mit Priorität, Zeitbedarf und Fälligkeit – gute Voraussetzungen für eine termingerechte Erledigung.

Manchmal wird es nötig sein, eigene Themenmappen anzulegen. Das hat den großen Vorteil, dass Unterlagen, die zu mehreren Sitzungen benötigt werden, immer zur Hand sind und nicht mit den Sitzungsunterlagen vermengt werden.

Datum, Uhrzeit, Dauer

Entweder klären Sie gleich über Ihre elektronische Terminplanung, welches Datum für alle Beteiligten günstig ist, oder Sie machen das konventionell, indem Sie mehrere Möglichkeiten vorgeben und diese telefonisch abfragen (siehe Kapitel 4.3).

Montagmorgen um 8:00 Uhr oder Mittwochabend um 18:00 Uhr oder gar Freitagnachmittag um 16:00 Uhr sind keine guten Veranstaltungstermine. Interne Veranstaltungen sollten mit dem üblichen Arbeitszeitende auch abgeschlossen sein. Ich erinnere mich an eine interne Veranstaltung, die am Gründonnerstag von 15 bis 18 Uhr angesetzt war. Die halbe Belegschaft war bereits in den – wohlgemerkt wohlverdienten und genehmigten – Osterferien!

Die Dauer der Sitzungen muss von vornherein bekannt sein, denn davon hängen Folgetermine ab.

Ort, Raum, Technik

Der Sitzungsraum prägt das Gesprächsklima. Hübsche Blumen sorgen für eine positive Atmosphäre. Testen Sie den Raum. Wenn Sie buchen, denken Sie an Pufferzeiten! Für eine Sitzung von 15 bis 17 Uhr buchen Sie von 14 bis 18 Uhr, damit Sie in Ruhe alles vorbereiten können und Puffer ist, falls es einmal doch etwas länger dauern sollte.

Und die Technik? Was nützt die tollste Präsentation, wenn kein Beamer vorhanden ist oder die Auflösung nicht stimmt? Informieren Sie sich unbedingt, welche Technik der Vortragende benötigt.

Was fehlt?

➤ Wo steht der Beamer?

➤ Sind Stellwände, Flipchart und OHP vorhanden?

➤ Wie steht es mit den Kleinigkeiten: Verlängerungskabel, Ersatzbirnen, Laserpointer, Klebeband, Stifte, Karten, Nadeln?

➤ Fehlt vielleicht eine Uhr?

➤ Und die Bewirtung?

Mineralwasser, Obst?
Kaffee, Espresso, Gebäck?
Wer macht's?

10.2 Pünktlich, kurz und wirkungsvoll

Ich erinnere mich an einen Kommunikationsprofessor, der sich sehr gestört fühlte, wenn seine Studenten unpünktlich eintrafen. Zu Beginn des Semesters entfachte er regelmäßig folgende Diskussion: „Passt es Ihnen besser, wenn wir um 15:55 Uhr beginnen oder ist für Sie 16:05 besser?" Darüber debattierte er 15 Minuten. Wir hatten die Botschaft verstanden und waren das nächste Mal pünktlich um 16:00 Uhr da.

Wenn in Ihrem Unternehmen Pünktlichkeit keine Zier ist, dann versuchen Sie es doch einmal mit 14:14 Uhr. Solche überpräzisen Termine prägen sich ein. Denken Sie an den 11.11., 11:11 Uhr. Da weiß jeder, was gemeint ist.

Es gibt immer wieder Kollegen – und Chefs! –, die nicht pünktlich sind. Dieser Personenkreis ist bekannt. Rufen Sie kurz vorher an und erinnern Sie freundlich, aber bestimmt an das Treffen. Manchmal hat man damit Erfolg. Sonst: Wer zu spät kommt, der macht Protokoll. Die Sitzung fängt in jedem Falle pünktlich an.

Durch straffe Zeitlimits bei den TOPs kommt man – auch bei großen Versammlungen – fristgerecht durch. Stichwort: Zeitwächter! Ein Grund für Unpünktlichkeit bei den Sitzungen kann damit zusammenhängen, dass für die Beteiligten zu wenig heraus kommt. Bei der Wahl der TOPs sollten daher Zukunftsfragen und Themen des Tagesgeschäftes nicht in einer Sitzung abgehandelt werden. Zukunftsfragen können nicht straff nach Zeitplan geführt werden, Themen des Tagesgeschäftes aber sehr wohl. Um den Zeitplan der Sitzung einzuhalten, kann dem Sitzungsleiter ein Time-Keeper beigestellt werden, der darauf achtet, dass die Zeiten pro TOP eingehalten werden. So kann sich der Sitzungsleiter auf die Inhalte konzentrieren.

Schafft man den Zeitplan nicht, wird ein neuer Sitzungstermin festgelegt.

Die Pausen sind extrem wichtig. Warum nicht nach einer knappen Stunde bereits eine kurze Pause einlegen, um die Konzentrationsfähigkeit zu stärken und der Kommunikation Raum zu geben? Idealerweise steht die Pause schon in der Tagesordnung.

Sitzungs-Know-how

Fredmund Malik, Führen Leisten Leben. Wirksames Management für eine neue Zeit, Campus, 2006.

Und das Protokoll? Verfügen Sie über eine Stellwand und Moderationsmaterial? Dann lässt sich die Tagesordnung visualisieren: Sie geben die TOPs an – mit Uhrzeit –, dazu das Thema, und protokollieren im Laufe des Treffens die Ergebnisse. Jeder Teilnehmer hat auf diese Weise die TOPs und den Stand der Dinge vor Augen und am Ende ist sogar das Protokoll fertig; es braucht ja nur noch abgeschrieben zu werden – als Text oder – warum nicht? – als Tabelle. Das Protokoll wird zur Aktionsliste.

Alle persönlichen Meetingnotizen gebunden in einem Buch A4

www.timesystem.de

Meetingbuch in A4 und A5

Protokoll als Aktionsliste

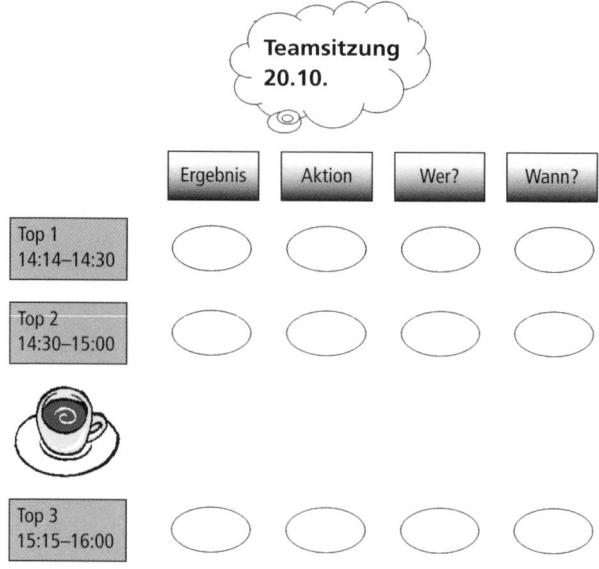

Follow-up

Dass ein Meeting oder eine Sitzung effektiv verläuft, ist Aufgabe des Sitzungsleiters. Er ist für die Umsetzung der Ergebnisse verantwortlich. Es gehört zu seinen Aufgaben, die Durchführung der Beschlüsse zu überwachen, nachzufragen oder sich berichten zu lassen. Konkret: Der Sitzungsleiter legt die Aktionsliste zur Überwachung „auf Termin" in seine Wiedervorlage. Zum Termin entscheidet er.

10.3 Ende gut, alles gut

Geschafft! Die Sitzung ist gut gelaufen und auch pünktlich zu Ende gegangen. Ist es Ihre Aufgabe, das Protokoll zu schreiben? Oft kommt es bei diesen Treffen zu Beschlüssen, die auch für nicht anwesende Mitarbeiterinnen und Mitarbeiter von Bedeutung sind. Das machen Sie: Sie informieren die Mitarbeiter, überwachen die Umsetzung der Ergebnisse und koordinieren die neuen Termine – ganz im Sinne des perfekten Terminmanagement.

Dann kommt das Chefgespräch. Sie blicken noch einmal zurück und beurteilen das Geschehen.

Feed-back

- Was ist gut gelaufen?
- Was können wir besser machen?
- Waren die richtigen Leute da?
- Hat die Planung gestimmt?
- War der Zeitpunkt gut gewählt?
- War die Tagesordnung übersichtlich?
- Wurden alle TOPs bearbeitet?
- Nehmen wir den Raum wieder?
- Muss Technik repariert werden?
- Hat sich das Ganze gelohnt?

So wird die nächste Sitzung, das nächste Meeting, die nächste Konferenz ein echtes Highlight in Ihrem Unternehmen.

11 Gute Briefe, gute Mails

11.1 Businesslike

Der Briefstil hat sich gewandelt. Er ist persönlicher geworden, denn Briefe werden mit Partnern ausgetauscht: mit Geschäftsfreunden, mit Kunden, mit Interessenten. Da passt der alte Kanzleistil nicht mehr. Individualität ist gefragt bei E-Mails wie bei Briefen.

Mit diesem Brief fiel Bungert, 1997, in Deutschland auf:

Ein ungewöhnlicher Brief

- „Guten Tag, Herr Backes" hieß es da und nicht „Sehr geehrter Herr Backes".
- „Viele Grüße nach Saarbrücken" las man erstaunt anstatt „Mit freundlichen Grüßen".
- „Es geht voran" tönte es im Betreff anstatt „Ihr Bauvorhaben".
- „Falls Sie noch Fragen haben, hier meine Telefonnummer".
  So wurde das Postskriptum offensiv eingesetzt.

Seither schleicht sich die persönliche Note in die Briefe ein. Hin und wieder probierte ich es auch und grüßte aus dem stürmischen Hamburg ins geschäftige Frankfurt oder ins sonnige Freiburg. Und siehe da, das Schreiben machte mehr Spaß; Eindrücke der persönlichen Schreibatmosphäre schwappten über. Die Mitteilung durfte (endlich) auch ein bisschen persönlich sein.

Ein Muss für jeden Brief

> Neue Rechtschreibung
> Flattersatz
> Persönlich

Ein Vergleich

Ihre Anfrage vom ...

Sehr geehrter Herr Breitbach,

anbei erhalten Sie unser Angebot 34/00, aus dem Sie alles Weitere ersehen können. Wir würden uns freuen, den Auftrag erhalten zu können und sichern Ihnen prompte Erledigung zu.

Mit freundlichen Grüßen

(Unterschrift)

Wir freuen uns auf die Zusammenarbeit mit Ihnen

Guten Tag Herr Breitbach,

wir freuen uns, dass Sie sich für unsere Produkte interessieren. In unserem Angebot informieren wir Sie ausführlich darüber.

Viele Grüße nach Ulm

(Unterschrift)

Sollten Sie noch Fragen haben – meine Durchwahl ...

Begleitschreiben zum Angebot nach Bungert, 1997, S. 155

11.2 Der eigene Stil

Mit guten Briefen fallen Sie auf. Gute Business-Briefe sind inhaltlich klar strukturiert und lebendig formuliert. Wie erreichen Sie das?

Komplexe Sachverhalte strukturieren

Wenn Sie schwierige Briefe zu formulieren haben, dann hilft Ihnen diese Formulierungstechnik:

Sammeln Sie Stichwörter auf Karteikärtchen. Auf jede Karteikarte eines. Ordnen Sie die Kärtchen den folgenden Briefelementen zu:

- Bezug
- Betreff
- Anrede
- Anfang
- Schluss
- Gruß
- Anlage
- PS

Und dann beginnen Sie den Dialog mit sich selbst:

➤ Womit fange ich an?

➤ Was ist ein wirkungsvoller Schluss?

➤ Finde ich einen knalligen Betreff?

➤ Was ist das Positive? Das zuerst!

➤ Möchte ich persönlich grüßen?

➤ Was brauche ich nicht?

➤ Kann ich das noch einfacher sagen?

➤ Floskeln dabei? – Raus!

➤ Klingt es gut?

Das ergibt eine Grobstruktur für Ihren Brief, für Ihr Protokoll, für Ihren Bericht und Sie können frisch drauflos formulieren. Das muss überhaupt nicht perfekt sein. Ihre vielen Ideen werden erst einmal festgehalten. Jetzt machen Sie am besten eine Pause – noch besser: Sie lassen die Sache einen Tag ruhen. Dann der Endspurt: die Endredaktion für lebendiges Formulieren. Hier ein paar Anregungen:

Alle Satzzeichen genutzt?

Business-Stil in Brief oder E-Mail ist geprägt von der Spontaneität und Lebendigkeit mündlicher Kommunikation. In schriftlicher Kommunikation erreicht man das durch kurze Sätze und eine Menge Satzzeichen – beim Punkt hört es nicht auf. Hier ein Beispiel aus Bungert, 1997, S. 149:

> „Seit Jahren arbeiten wir gut zusammen. Und jetzt? – Sie schicken uns einen Brief. – Preiserhöhungen! Und das ohne Begründung ..."

Gefällt Ihnen das?

Punkt, Fragezeichen, Ausrufezeichen schließen einen Satz ab. Komma, Semikolon, Doppelpunkt und Gedankenstrich trennen im Satz. Mit einem Satzzeichen steuern Sie den Lesefluss und erregen Aufmerksamkeit. Punkt und Komma sind konservativ. Doppelpunkte aber machen lebendig: Der Text wird besser verstanden. Der Gedankenstrich weist auf etwas Neues hin – er macht neugierig. Stellen Sie ruhig Fragen. Warum nicht? Fordern Sie Ihren Leser zum Mitdenken auf. Mit dem Ausrufezeichen können Sie wichtige Textstellen hervorheben. Endlich ein Ergebnis! Mit dem Semikolon schaffen Sie es, zwei Gedanken zu verbinden, ohne den Gedankengang durch einen Punkt abschließen zu müssen; und das zeigt Raffinesse.

Kurz und bündig?

Hartnäckig halten sich im deutschen Brief veraltete, komplizierte, überflüssige Formulierungen. „Das schreiben wir immer so! Das soll nicht gut sein?" Also – was ist in, was out? Hier einige Beispiele:

Ersetzen Sie Substantivierungen durch Verben? Schreiben Sie „verzichten" oder „Verzicht ausüben"? „Prüfen" oder „Prüfung vornehmen"? „Abschließen" oder „Zum Abschluss bringen"?

Füllen Sie Ihre Texte mit Floskeln wie „im Allgemeinen", „lediglich", „praktisch", „irgendwie"?

Benutzen Sie die Kanzleisprache unserer Urgroßväter und schreiben „sämtliche" statt „alle", „seitens" statt „von", „stets" statt „immer"? Wie halten Sie es so?

11.3 E-Mail-Kommunikation

Bis zu 30 % aller E-Mails sind heute geschäftskritisch: Bestellungen per E-Mail, Absprachen per E-Mail, Reklamationen per E-Mail. Auch für E-Mails gilt die DIN 5008. Durch das elektronische Medium gibt es – bezogen auf die Briefform – Besonderheiten:

Bezug	Die Bezugszeichenzeile füllt das System selbst aus.
Betreff	Der Betreff ist der wichtigste Teil einer E-Mail. Der Betreff muss präzise den Sachverhalt nennen. Den Betreff sieht der Empfänger zuerst und entscheidet sofort über die Annahme der Mail. E-Mails ohne Betreff werden als SPAM angesehen und sofort gelöscht.
	Wenn Sie eine E-Mail beantworten, ändern Sie bitte auch den Betreff entsprechend. Sie erleichtern sich und dem Empfänger die elektronische Ablage.

Anrede	„Hallo, Frau Ortlieb" entspricht dem vertrauten „Liebe Frau Ortlieb" im Brief. „Guten Tag, Frau Ortlieb" wird in E-Mails häufig gebraucht und entspricht in etwa dem geschäftlichen „Sehr geehrte Frau Ortlieb" und ganz formell heißt es auch bei der E-Mail „Sehr geehrte Frau Dr. Engel-Ortlieb".
Inhalt	E-Mails werden formuliert wie gute Briefe. Siehe Kap. 11.1 und 11.2.
	Schreiben Sie Fließtext und nutzen Sie Absätze, um Ihre Mail zu gliedern, das erleichtert dem Empfänger das Lesen.
	Wenn Sie die Schrift formatieren möchten:
	MS Outlook: Format/HTML. Das Menü Format/Zeichen erlaubt einige Schriftgestaltungen.
	Lotus Notes schreibt E-Mails standardmäßig im Format HTML. Der Menüpunkt Text bieten Ihnen vielfältige Gestaltungsmöglichkeiten. Wenn Sie Mails im Text-Format schreiben wollen: Datei/Vorgaben/Benutzervorgaben/Mail/Internet/Nur einfacher Text.
Gruß	Wie beim Brief „Mit freundlichen Grüßen" oder wenn die Kommunikation vertrauter ist „Liebe Grüße nach Frankfurt".
Signatur	Spätestens seit dem 1. Januar 2007 sind alle Kaufleute und Unternehmen verpflichtet, bestimmte Informationen zu sich oder ihrem Unternehmen bei jedem elektronischen Schriftwechsel mitzugeben. Das wurde mit dem Gesetz über elektronische Handelsregister, Unternehmensregister und Genossenschaftsregister (EHUG) geregelt. Was in der Signatur stehen muss hängt von der Geschäftsform ab: Zusammengefasst kann man sagen: Alles, was auf einem förmlichen Briefbogen steht, sollte in der Signatur aufgeführt sein.
	So richten Sie die Signatur ein:

	MS Outlook: Extras/Optionen/E-Mail-Format/ Signatur.
	Lotus Notes: Werkzeuge/Vorgaben/Signatur.
Anlagen	MS Outlook 2007. Über das Symbol Büroklammer lassen sich eine oder mehrere Dateien anfügen. Sie finden die Büroklammer über den Menüpunkt Einfügen. Auf Büroklammer klicken. Es öffnet sich der Explorer bzw. das Laufwerk. Die entsprechende Datei auswählen. Markieren/Einfügen. Sie können die Anlage auch als Link einfügen: Klicken Sie auf den Pfeil im Listenfeld Einfügen. Funktioniert bei E-Mails, Termine, Aufgaben und Kontakten. Bei MS Outlook können Sie auch E-Mails an E-Mails anhängen über: Element anfügen.
	Lotus Notes ab 8.0 über das Symbol Büroklammer auch bei E-Mails. Vorher in das Textfeld klicken, wenn da noch nichts steht. Lotus Notes 7.0: Datei/Anhängen. Die Büroklammer verwenden Sie immer bei Terminen und Aufgaben.
Hyperlink	Wenn Sie auf eine Internetseite per Hyperlink verweisen wollen:
	Rufen Sie die Internetseite auf, Re. Maus auf die Website/Eigenschaften/Adresse (URL) kopieren und diese dann in die Mail – oder in eine Datei einfügen. Auf diese Weise können Sie auch einen sehr umfangreichen Link mühelos erfassen.
PS	Das post scriptum nach der Signatur wird so gut wie nicht gelesen. Deshalb macht es nur Sinn, wenn Sie es vor der Signatur einsetzen.
Versand	Die E-Mail-Adresse des Empfängers wird im Feld: AN eingetragen.

MS Outlook bietet ab 2003 eine Schnellsignierung. Sie entsteht aus den häufig benutzten Adressen. Bei seltener genutzen Adressen ist das Symbol Namen überprüfen (Kopf mit Haken) immer noch nützlich: Beginnt die E-Mail-Adresse mit einem Vornamen, beginnen Sie mit der Eingabe des Vornamens.

Lotus Notes. Sie öffnen ein neues Memo. Dann Adresse/Adresse auswählen/AN/OK. Die Adresse erscheint jetzt im Memo-Formular unter AN.

Kopien Tragen Sie eine E-Mail-Adresse zusätzlich im Feld: CC ein, so erhält dieser Empfänger eine Kopie der E-Mail.

Rundmails Wenn Sie Rundmails verschicken, so tragen Sie die E-Mail-Adressen bitte nicht im Feld: CC oder AN ein. Die E-Mail-Adressen aller Beteiligten werden dadurch öffentlich. Besser ist es, bei Rundmails die E-Mail-Adressen in das Feld: BCC zu setzen. Dann sieht jeder Empfänger nur seine eigene Adresse. In das Feld: AN setzen Sie in diesem Fall Ihre eigene E-Mail-Adresse, dann bekommen Sie auch eine Rundmail. Das klingt ungewöhnlich, funktioniert aber.

MS Outlook. Alternativ können Sie die Serienbrief-Funktion in WORD nutzen. Extras/Briefe und Sendungen/Serienbrieferstellung/E-Mail-Nachrichten. Wichtig ist, dass die Datenbank in Excel, auf die Sie zugreifen, eine Spalte EMAIL hat. (genauso geschrieben). Sie erhalten am Ende einzelne, individuell gestaltete E-Mails. Jeder Empfänger bekommt seine eigene Mail. Das funktioniert auch mit Outlook-Kontakten.

Verteiler Für große Verteiler bietet sich eine Verteilerliste an. MS Outlook: Aktionen/Verteilerliste.

Lotus Notes: Mail-Listen erstellen. Kontakte/Adressen auswählen (Häkchen vor den Namen setzen) Werkzeuge/In neue Gruppe kopieren.

12 Ablage

12.1 Registratur

Sie können richtig Spaß an der Aufbewahrung von Schriftstücken haben, wenn Sie systematisch ablegen. Um Papier zu ordnen, abzulegen und auch wieder zu finden, werden Registraturen benötigt. Ist für Sie die liegende, die stehende oder die hängende Registratur am günstigsten? Oder eine Kombination? Und welche?

Die liegende Registratur

Das ist wohl die älteste Registraturform: die Akte im Aktendeckel. Zur Kennzeichnung hat man die liegenden Akten früher mit Aktenschwänzen versehen, um einen schnellen Überblick über den Akteninhalt zu haben, was bei einer Flachablage höchst schwierig ist. Zeit sparen Sie beim Hineinlegen! Beim Suchen der Akte könnte es aber etwas länger dauern!

Wenn man eine Loseblatt-Ablage bevorzugt, sind Aktendeckel oder Mappen günstig. Die einzelnen Schriftstücke werden lose eingelegt. Will man eine geheftete und zugleich liegende Ablage, so wählt man Schnellhefter. Das macht Sinn bei Vorgängen, die kaufmännisch geheftet werden, d. h. das Neueste liegt immer oben; denn Umsortieren ist bei Schnellheftern umständlich und zeitaufwendig.

So schlecht wie ihr Ruf ist die liegende Registratur aber nicht. Wenn Sie wenige, dünne Vorgänge bearbeiten, leisten Aktendeckel oder auch Sichthüllen gute Dienste, um bei der täglichen Arbeit Übersicht zu behalten.

Die stehende Registratur

Der Ordner (Leitz 1893) hat die Flachablage verdrängt. Ein Büro ohne Ordner? Noch unvorstellbar! Schriftstücke, die in großen Mengen vorkommen und in fester Reihenfolge geheftet aufbewahrt werden (Lieferscheine, Rechnungen, Protokolle, Briefe), sind dort gut aufgehoben.

Die Ablage in Ordnern bedeutet sicheres Aufbewahren und schnelles Wiederfinden – auch umfangreicherer Papiermengen –, jedoch muss der Zeitaufwand für Lochen und Heften einkalkuliert werden. Die Ablage ist übersichtlich durch die beschrifteten Ordnerrücken – und ein bisschen repräsentativ ist es auch.

Für Prospekte, Kataloge, Zeitungen sind Stehsammler gut geeignet. Es gibt sie auch im Querformat als Kassetten für Einstellmappen.

Register, Trennblätter, Trennstreifen

Register gliedern das Schriftgut in Ordnern. Für die alphabetische Ordnung bei großen Schriftgutmengen gibt es, neben dem normalen ABC, ausgefeilte Dehn-ABC-Register.

Für fortlaufende Nummern gibt es Nummernregister von 1–25, 26–50, 51–75.

Trennblätter sind für die Auflistung des Ordnerinhalts geeignet. Mit Trennstreifen lässt sich weiter unterteilen.

Sehr praktisch, im modernen Design, sind Stehmappen in Klarsicht mit Box. Sie lassen sich über bunte Reiter flexibel nach ABC sortieren und mit einer Terminleiste versehen. Auch für Gespräche außer Haus haben Sie so alles parat. Sie erhalten diese Stehmappen mit Box nur bei www.mappei.de.

Die hängende Registratur

In einer Hängeregistratur sollten Sie alle Vorgänge und Unterlagen unterbringen, die Sie am Arbeitsplatz laufend benötigen. Der Organisationsschreibtisch ist mit Hängezügen für die Hängeregistratur eingerichtet: Patientenakten, Anwaltsakten oder Auftragsakten werden häufig hängend untergebracht.

Sie können zwischen drei Registraturbehältern wählen: der klassischen Hängemappe (an beiden Seiten offen), der Hängetasche (an beiden Seiten mit „Fröschen" abgeschlossen zur Aufbewahrung von Kleinteiligem) und dem Hängesammler mit breitem Boden, sodass Sie mehrere ähnliche Vorgänge (mit Einstellmappen) getrennt unterbringen können.

Die Hängehefter machen Arbeit. Das Abheften, Umsortieren, Herausnehmen etc. ist umständlich. Oft sind Personalakten, auch Mandantenakten, mit einem besonderen Schlauchverschluss ausgestattet. Dadurch wird es möglich, innerhalb der Akte Zeit sparend umzusortieren.

Einstellmappen

Übrigens: Die Aktendeckel der liegenden Registratur, die es in vielen und sehr schönen Farben gibt, eignen sich gut als Einstellmappen. Damit können Sie den Inhalt einer Hängemappe gliedern. Auch auf dem Schreibtisch bei der Arbeit sehen die Einstellmappen gut aus.

Unterlagen lassen sich liegend stapeln, stehend oder hängend aufbewahren, und zwar entweder lose oder in gehefteter Form. Hier eine Übersicht:

Schriftgutbehälter im Überblick

Schriftgutbehälter	Registraturform	Ablagetechnik	Geeignet für
Aktendeckel einmal gefalteter Bogen aus Karton	liegend Flachablage	lose	Einzelakten mehrere Schriftstücke eines Vorgangs

Mappe wie Aktendeckel, zusätzlich gerillt und evtl. Klappen	liegend Flachablage	lose	Sammelakte verschiedene Vorgänge in einer Akte
(Schnell-)Hefter wie Mappe mit Heftmechanik	liegend Flachablage	geheftet	Sammelakte das Neueste oben oder feste Ordnung
Ordner mit festem Rücken, unterschiedliche Breite, Mechanik zum Aufreihen von gelochtem Schriftgut	stehend Buchablage hängend Hängeregistratur	geheftet	Sammelakte übersichtlich durch Register und Trennblätter
Stehsammler mit festem Boden unterschiedlicher Breite	stehend Buchablage hängend Hängeregistratur	lose	Sammelakte Prospekte Kataloge Zeitschriften
Stehmappe Klarsichtfolie und Papier	stehend Stehablage in Box	lose	Einzelakte Vorgangsakten
Hängemappe Mappe mit seitlich überstehenden Aufhänge-elementen	hängend Hängeregistratur	lose	Einzelakte Vorgangsakten Personalakten Projektakten
Hängetasche wie Hängemappe, aber mit seitlichen „Fröschen" (Gewebestreifen)	hängend Hängeregistratur	lose	Einzelakte Vorgangsakten mit kleinteiligem Inhalt
Hängehefter wie Hängemappe mit Heftmechanik	hängend Hängeregistratur	geheftet	Einzelakte Vorgangsakten

Vorgänge

Welche Registraturform Sie wählen, hängt auch davon ab, ob Sie einzelne Vorgänge zu bearbeiten haben, die getrennt aufbewahrt werden, oder ob Sie mehrere Vorgänge bearbeiten, die Sie zusammenfassen wollen. Sind Einzelakten oder Sammelakten für Sie besser? Hier die richtige Wahl zu treffen, kann eine Menge Mühe bei der täglichen Arbeit ersparen.

> **Seminarverwaltung**
>
> Wenn Sie für die Verwaltung von Seminaren – intern oder extern – Ordner wählen – und das kommt oft vor –, dann muss beim Zugriff auf die Veranstaltung erst einmal der schwere Ordner aus dem Regal herausgesucht und zum Schreibtisch geschleppt werden. Dann beginnt die Suche nach dem richtigen Seminar. Wenn Sie mit einer Kollegin arbeiten, können Sie nicht gleichzeitig auf diesen Ordner zugreifen. Sie warten also bis die Kollegin ihre Arbeit abgeschlossen hat und können dann erst einem Kunden Auskunft geben. Vielleicht hat der ja inzwischen aufgelegt.
>
> **Die Lösung**
>
> Wählen Sie Einzelakten pro Seminar. Bewahren Sie diese in der Hängeregistratur in Ihrem Schreibtisch auf oder in einem Wagen oder Boy, der dem Schreibtisch beigestellt wird. Das ist übersichtlich und gut für die Teamarbeit.

12.2 Aktenführung

Sammelakte

Die Sammelakte nimmt Schriftgut vieler unterschiedlicher Vorgänge auf, wenn Sie z. B. die ausgehenden Briefe als „Schriftwechsel" sammeln, oder alle Angebote unter „Angebote" oder Kursunterlagen „Seminare 1–10."

Einzelakte

Die Einzelakte enthält einen einzelnen Vorgang mit allen dazugehörigen Schriftstücken. Beispiele: Kreditakten, Personalakten, Prozessakten, Kundenakten. Für die Führung von Einzelakten eignen sich vor allem Hefter (liegend, geheftet) und Mappen (liegend, lose oder hängend, lose) und Stehmappen (stehend, lose).

Brauchen Sie schnellen und direkten Zugriff zu diesen Akten, so empfiehlt sich die Hängeregistratur im Schreibtisch.

Ist der Vorgang beendet, legen Sie vorgangsbezogen ab, d. h. der gesamte Vorgang wandert in eine passende Archivbox der Altablage.

Wollen Sie in den nächsten ein bis zwei Jahren auf diese Akten aber noch zugreifen und hin und wieder nachschlagen und vergleichen, dann sammeln Sie – nach Abschluss des Vorgangs – in Ordnern. Diese Ordner stehen dann für eine begrenzte Zeit als lebende Akten im Arbeitsbereich, d. h. im Regal oder Schrank Ihres Office.

Heftung

Im Allgemeinen liegt bei einer Heftung – Hefter oder Ordner – das neueste Schriftstück oben. Typisches Beispiel ist die Ablage von Buchungsbelegen. Der Beleg vom 10. Oktober liegt unter dem Beleg vom 25. Oktober. Man spricht von kaufmännischer Heftung.

Akten bei Gericht werden fortlaufend geführt. Das älteste Schriftstück liegt oben und wird mit Seite 1 nummeriert. Die folgenden Schriftstücke kommen dahinter. Die Akte liest sich dann von vorn nach hinten wie ein Buch mit fortlaufender Seitennummerierung. Man spricht von Behördenheftung.

Inhaltsverzeichnis

In jeden Ordner gehört ein Inhaltsverzeichnis, denn ein Ordner ist eine Sammelakte und erfordert Übersicht. Schon ein durchgängig beschriftetes Trennblatt ergibt ein Inhaltsverzeichnis.

Aktenführung

Der Ordner „Büro" einer Agentur

1-0 Büro
Mietvertrag
Nebenkostenabrechnung
Instandhaltung
Schlüsselplan
Ausstattung, Übersicht
Räume, neu

Aber seien Sie nicht zu perfekt. Es gibt auch überorganisierte Ordner. Wichtig ist die einfache und klare Gliederung durch die Zuweisung von Stichwörtern, d. h. durch die Ordnung nach Oberbegriffen.

Inhaltsverzeichnis und Trennstreifen am PC beschriften

A4-Blatt 80 g am PC beschriften und mit Schreibfolie abdecken, das ergibt ein glasklares Inhaltsverzeichnis. Dazu die passenden Trennstreifen in Wordart.

Vorlagen zum Download unter http://www.buerofreude.de siehe TRAINING

Ordnerrücken

Für die Gestaltung von Ordnerrücken gibt es PC-Programme. Sie sind nicht teuer. Mit ihrer Hilfe lassen sich alle Formen von Etiketten professionell gestalten, sogar Tischkarten, Disketten- und CD-Cover.

Ordnerrücken mit Logo, Aktenzeichen, Stichwort und Jahreszahl

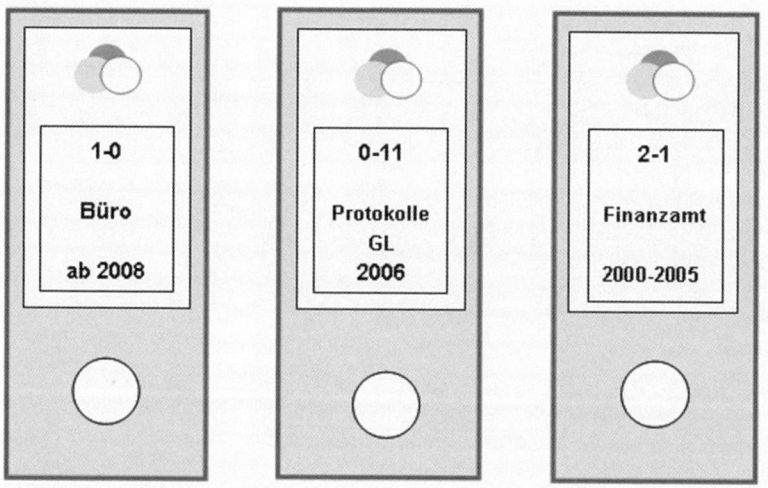

Beschriftungssoftware

Etiketten und Software

www.avery-zweckform.com; www.herma.com

12.3 Ordnungsweisen

Ordnung nach Zeit

Das einfachste aller Ordnungssysteme ist die chronologische Ordnung (chronos = die Zeit). Bei der chronologischen Ordnung wird nach Datum sortiert. Entweder nach Jahren, wie bei Bilanzen und Steuerbescheiden, nach Monaten, wie bei Gehaltsabrechnungen, nach Wochen, wie bei Lieferzeiten, oder nach Tagen, wie bei Patientenakten im Krankenhaus, die nach dem Geburtstag geordnet werden. Ist der Geburtstag nicht bekannt, wird unter dem 30. Februar abgelegt oder unter dem 1. Januar.

Jahr	Bilanzen und Steuerbescheide
Monat	Gehaltsabrechnungen
Wochen	Lieferzeiten
Tage	Patientenakten nach Geburtstag

Ordnung nach Nummern: Fortlaufende Nummern

In zunehmendem Maße gewinnt die numerische Ordnung an Bedeutung, nicht zuletzt wegen ihrer Vorteile bei der Datenverarbeitung. Am einfachsten ist die Ordnung nach fortlaufenden Nummern (1001, 1002, 1003 ...)

Ordnung nach Nummern: Partnernummern

Bei der Vergabe von fortlaufenden Partnernummern wird das System ergänzt: Jeder Geschäftspartner (Kunde, Lieferant, Mitarbeiter) erhält eine Nummer, unter der er künftig geführt wird. Das Nummernverzeichnis wird ergänzt durch ein Suchverzeichnis (gegliedert nach ABC, Postleitzahl oder Stadt), über das zusätzlich ermittelt werden kann.

Ablage

Suchen nach Nummern oder Namen

Kundennummern, sortiert nach fortlaufenden Nummern:		Kundennamen, sortiert nach Namen:	
⋃		⋃	
3605	Huber	Altmann	2796
3606	Müller	Anselm	5314
3607	Palmen	Arens	3608
3608	Arens	Astor	4573
3609	Zenker	Avermanns	3309

Ordnung nach Nummern: Sprechende Nummern

Die numerische Ordnung kann durch sprechende Nummern aussagefähiger gemacht werden. Es handelt sich dabei um die numerische Verschlüsselung von Sachverhalten. Jede Stelle innerhalb der Zahlengruppe drückt einen bestimmten Sachverhalt aus: Z. B. die Seminarnummerierung eines Lehrinstituts:

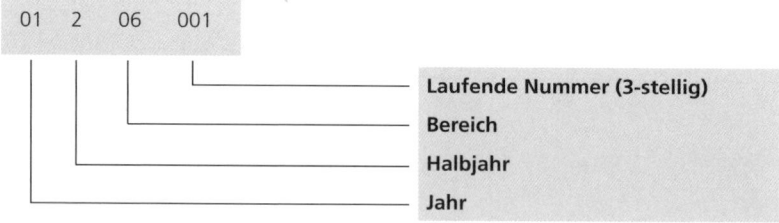

Das 1. Seminar im Fachbereich 06 wird im 2. Halbjahr des Jahres 2001 gekennzeichnet mit: 012 06 001. Kombiniert mit einer Hängeregistratur, die Sie durch Trennschienen nach Monaten, Wochen oder Tagen unterteilen können, ergibt dies eine optimale Seminarverwaltung.

Ordnung nach ABC: Buchstabenfolge

Die Ordnung nach ABC ist lange nicht so einfach wie es auf den ersten Blick scheint. Die alphabetische Ordnung ist nach DIN 5007 geregelt. Maßgeblich für die Ordnung ist die Buchstabenfolge des Alphabets. Einen Überblick liefert die folgende Tabelle:

Buchstabenfolge

• Maßgeblich für die Ordnung ist die Buchstabenfolge des Alphabets.	**Aarens, Baumann, Christiani, Georgi**
• Bei Übereinstimmung der Anfangsbuchstaben ist nach dem zweiten Buchstaben, bei erneuter Gleichheit nach dem dritten usw. zu ordnen.	**Abel, Abele, Abeler**
• Die Umlaute ä, ö, ü werden wie ae, oe, ue behandelt – aber stehen nach.	**Aermann, Ärmann**
• ß gilt als ss – aber steht nach.	**Rossler, Roßler**
• Lautverbindungen wie ch, ck, sp, st werden wie zwei, sch wie drei selbstständige Buchstaben in der Reihenfolge eingeordnet.	**Sand, Scenz, Schüler, Seemann, Stern**

So ist es richtig

Aarens	Abel	Abele	Abeler	Aermann	Ärmann
Baumann	Christiani	Georgi	Kaiser	Maier	Meier
Meyer	Naumann	Rossler	Roßler	Rudow	Sand
Scenz	Schüler	Seemann	Stern	Vollmer	Wagner

Ordnung nach ABC: Namensfolge

Wie aber gehen Sie vor, wenn zwei Kunden „Bauer" heißen? Hier benötigen Sie Ansetzungsregeln für die alphabetische Ordnung von Namen, wie sie in DIN 5007-2 geregelt sind. Ansetzen heißt: den Namen für die Ordnung vorbereiten: Dr. Adolf Klein wird angesetzt als „Klein, Adolf, Dr." und dann unter „K" entsprechend eingeordnet.

Namensfolge

• Erstes Ordnungswort ist der Familien- (Firmen- oder Sach-)Name, zweites Ordnungswort ist der Vorname. Weitere Ordnungsfolge: Wohnort, Straße, Hausnummer	Bauer, Albert Bauer, Alfons, Hamburg Bauer, Alfons, München Bauer, Anton
• Zusätze wie Gebrüder oder Geschwister werden wie selbstständige Vornamen geordnet.	Bauer, Franziska Bauer, Gebrüder Bauer, Hans
• Vorsätze wie van oder von sowie Titel bleiben in der Ordnungsfolge unberücksichtigt.	Bauer, Otto, Freiherr von Bauer, Paula, Dr.
• Familiennamen ohne Vornamen kommen zuerst. Familiennamen mit abgekürztem Vornamen stehen vor gleichartigen ausgeschriebenen Vornamen.	Bauer Bauer, A. Bauer, Alf. Bauer, Alfons
• Bei Doppelnamen wird der zweite Name wie ein Vorname eingeordnet.	Bauer, Rita Bauer-Ritter
• Gesprochene Zeichen wie „&" oder „und" haben auf die Ordnungsfolge keinen Einfluss.	Bauer & Mann Bauer, Norbert Bauer und Partner Bauer, Paula

Ordnung nach Stichworten

Diese Ordnung ist für die Bezeichnung von Sammelakten in Ordnern sehr geeignet. Auf diese Weise lassen sich unterschiedliche Schriftstücke unter einem Oberbegriff zusammenfassen. Erst die richtige Gliederung macht die Ordnung perfekt.

Beispiel: Ordner „Büro"

Hier hat unsere Agentur alle Unterlagen untergebracht, die sich auf die gemieteten Büroräume beziehen: den Mietvertrag, die Nebenkostenabrechnungen, eine Dokumentation der Instandhaltungsleistungen, den Schlüsselplan, den Schriftwechsel mit der Hausverwaltung, eine Übersicht über die Ausstattung der Büroräume. Da ein Umzug geplant ist, sind auch die Unterlagen für die Bürosuche einbezogen. Da es sich um eine kleine Agentur handelt, passt alles in einen einzigen Ordner. Das Stichwort dafür heißt „Büro".

Nach dem Umzug wurde ein neuer Ordner angelegt mit dem Stichwort: „Büro, neues", mit allen Unterteilungen wie Mietvertrag, Nebenkostenabrechnungen usw. Der Ordner „Büro" bekam das Stichwort „Büro, altes" und wanderte – nachdem der Umzug abgewickelt war – in die Altablage.

Beispiel: Ordner „Versicherungen"

Unter dem Stichwort „Versicherungen" sind in unserer Agentur untergebracht: die Versicherungspolicen aller Versicherungen. Sie betreffen: die Betriebsversicherung, die Feuerversicherung, die Einbruchversicherung, die Haftpflichtversicherung, die Kfz-Versicherung. Der Schriftwechsel mit den jeweiligen Versicherungsgesellschaften wird nicht getrennt abgeheftet, sondern ist den einzelnen Versicherungen zugeordnet. Denn dort würde man im Ernstfall suchen.

Bei großem Volumen kann man natürlich für jede Versicherung einen eigenen Ordner anlegen. Dann heißt der Ordner z. B. „Kfz-Versicherung".

Beispiel: Ordner „Zeitschriften"

Unter dem Stichwort „Zeitschriften" sind bei unserer kleinen Agentur abgeheftet: eine Übersicht aller Abonnements mit Laufzeit und Kündigungsfrist, die Zeitschriftenverlage mit entsprechendem Schriftwechsel und ein kleines Pressearchiv: Ausschnitte aus Fachzeitschriften.

Bei großem Volumen würden Sie sicher einen Ordner anlegen mit dem Stichwort „Pressearchiv" und dort nach Themen unterteilen.

Beispiel: Ordner „Protokolle"

In fast jedem Büro gibt es einen Ordner „Protokolle". Haben Sie unterschiedliche Arten von Protokollen zu verwalten: Protokolle der Geschäftsleitung, Protokolle der Fachbereiche, Protokolle der Teams, so ist es meist übersichtlicher, für jede Protokollart einen eigenen Ordner anzulegen und dann mit dem Stichwort: „Protokolle GL" oder „Protokolle FB" oder „Protokolle Team" zu kennzeichnen. Innerhalb des Ordners wird dann nach Datum der Sitzung abgelegt, auf die sich das Protokoll bezieht. Auf die Frage „Was wurde auf der Sitzung am 20.10. besprochen?" schauen Sie im Ordner „Protokolle, Team" nach. Das Inhaltsverzeichnis ist gegliedert:

➤ Sitzung 8. August 2000

➤ Sitzung 9. September 2000

➤ Sitzung 20. Oktober 2000 usw.

So ist auf einen Blick zu erkennen, ob sich das gesuchte Protokoll in diesem Ordner befindet.

Mehrgliedrige Suchbegriffe

Bei mehrgliedrigen Suchbegriffen können sich Probleme ergeben.

Wie würden Sie den Ordner nennen, in dem Sie Unterlagen für interne Schulungen abheften? Entscheiden Sie sich für „Interne Schulungen" – entsprechend der gebräuchlichen Ausdrucksweise – oder für „Schulungen, interne", was der passende Suchbegriff wäre?

Das Problem: Suchbegriffe werden alphabetisch gesucht. Wenn Sie nun einen Suchbegriff „Interne Schulungen" verwenden, finden Sie ihn unter „I". Hätten Sie dort gesucht?

Beispiel: Schulungen, interne

Schulungen	**Hauptwort** steht zuerst	Worum geht es?
interne	**Adjektiv** steht danach	Worum geht es noch?
Schulungen, interne		

12.4 Checkliste: Ordnung macht erfolgreich

Wie sieht Ihre Lösung aus?

	Die Schwachstellen:	**Die Lösung:**
1	In meinen Ordnern finde ich einfach nichts. Man müsste auf einen Blick erkennen, was drin ist.	
2	Die Aufträge habe ich alle in einem Ordner. Das ist ganz schön umständlich, wenn ein Kunde am Telefon ist: aufstehen, rausholen, nachschlagen, endlich finden …	
3	Wir legen unsere Lieferanten nach ABC ab. Das kann nur ich. Wenn ich nicht da bin, bricht das Chaos aus.	

4	In Fachzeitschriften sehe ich oft interessante Beiträge, die für uns wichtig sein könnten. Ich kann doch nicht alle Zeitschriften aufbewahren. Wohin damit?	
5	Der Ordner „Angebote" ist zehn Jahre alt. Alles nichts geworden. Was mache ich damit?	
6	Überall Ordner. Ich weiß gar nicht, wo ich suchen soll. Seit 20 Jahren hat sich hier nichts geändert.	

12.5 Gesetzliche Aufbewahrungsfristen

Durch regelmäßiges Vernichten alter Akten schaffen Sie Platz und Übersicht! Eine Hilfe dabei sind die Aufbewahrungsfristen. Es gibt gesetzlich vorgeschriebene Aufbewahrungsfristen, die in drei Stufen gegliedert sind: 10 Jahre, 6 Jahre und 0 Jahre. Maßgebend hierfür ist das Handels- und das Steuerrecht. Wenn Sie den genauen Wortlaut suchen, finden Sie ihn im Handelsgesetzbuch (HGB § 257) und in der Abgabenordnung (AO § 147). Aufbewahrungsfristen für Österreich und die Schweiz finden Sie bei Walburg Ernst: Finden statt Suchen, Ueberreuter 2002, S. 99–105.

Was müssen Sie 10 Jahre aufbewahren?

Diese Unterlagen betreffen vor allem den Jahresabschluss:

➤ Eröffnungs- und Schlussbilanzen mit Gewinn-und-Verlustrechnung – im Original

➤ Geschäftsberichte als Anlage zum Jahresabschluss

➤ Gründungsakten der Gesellschaft
  – im Original

- Handelsbücher (Kassenbücher, Wareneingangs- und -ausgangsbücher)
- Inventare (Betriebs- und Geschäftsausstattung)
- Kontenpläne einschließlich Änderungen und Ergänzungen

Originale

Beachten Sie bitte, dass Bilanzen und Gründungsakten im Original aufbewahrt werden müssen.

Was müssen Sie 6 Jahre aufbewahren?

Diese Unterlagen betreffen vor allem den kaufmännisch-verwaltenden Bereich

- Angebote mit Auftragsfolge
- Behördliche Bescheinigungen
- Betriebsprüfungsberichte – im Original
- Darlehensunterlagen
- Dauerauftragsunterlagen
- Faxe und Fernschreiben – soweit Handelsbriefe
- Handelsbriefe: empfangene und Wiedergaben abgesandter Handelsbriefe. Das gilt auch für E-Mails
- Jahreslohnnachweise für Berufsgenossenschaften
- Leasingverträge
- Sicherungsübereignung
- Versicherungspolicen – nach Ablauf der Versicherung
- Versandanzeigen – soweit empfangene Handelsbriefe
- Verträge, Vertragsunterlagen – nach Vertragsende

Vorgänge

Bitte bedenken Sie, dass die Aufbewahrungsfrist erst dann gilt, wenn der Vorgang abgeschlossen ist: der Prozess zu Ende ist, der Mitarbeiter die Firma verlassen hat, das Sparbuch entwertet ist, das Darlehen beglichen ist.

Änderungen seit dem 24. 12. 1998

Buchungsbelege.
Diese Unterlagen betreffen vor allem den Zahlungsverkehr.

Die Frist von bisher sechs Jahren wurde auf zehn Jahre verlängert.

- Ausgangsrechnungen
- Depotauszüge
- Eingangsrechnungen
- Fahrtkostenerstattungen
- Gehaltslisten
- Geschenknachweise
- Gutschriftanzeigen
- Kontoauszüge
- Mietverträge
- Prozessakten nach Abschluss des Prozesses
- Quittungen
- Reisekostenabrechnungen
- Spendenbescheinigungen

Sonderbestimmungen

Auch nach Ablauf der gesetzlichen Aufbewahrungsfristen müssen Unterlagen noch aufbewahrt werden, soweit und solange sie für die Steuererhebung von Bedeutung sind (Außenprüfung, Steuerfahndung, schwebendes Verfahren).

Was müssen Sie 0 Jahre aufbewahren?

- Anfragen an Lieferanten oder an Kunden
- Angebotsunterlagen ohne Auftragsfolge
- Arbeitsaufträge
- Aushänge
- Bewerbungsschriftwechsel
- Bücherverzeichnisse
- Finanzpläne
- Gebrauchsanweisungen
- Geschäftsordnungen
- Halbjahresbilanzen
- Konferenzprotokolle
- Kundenlisten
- Monatsabschlüsse
- Pressemitteilungen
- Prospekte

Firmeninterne Aufbewahrungsfristen

Neben den gesetzlichen Aufbewahrungsfristen gibt es auch firmeninternen Fristen, die der Betrieb selbst festlegt. Dies gilt vor allem für die Schriftstücke, die keiner gesetzlichen Aufbewahrungsfrist unterliegen. Gleichwohl kann es – aus Sicht des Betriebes – vernünftig sein, solche Unterlagen aufzubewahren. Sie können in kritischen Situationen als Nachweis dienen. Zum Beispiel bei Bewerbungsschriftwechsel. In einem Schriftgutkatalog erfassen Sie gesetzliche und betriebliche Aufbewahrungsfristen.

Schriftgutkatalog

Es ist hilfreich, mit einem Schriftgutkatalog (alphabetisch geordnet) eine Übersicht über die gesetzlichen und firmeninternen Aufbewahrungsfristen zu erlangen.

Die Aufbewahrung von Angeboten ohne Auftragsfolge ist laut Gesetz auf 0 Jahre festgelegt. Aus betrieblichen Gründen kann es sinnvoll sein, diese Angebote noch einige Jahre aufzubewahren. Daher ist hier eine betriebliche Frist von 2 Jahren eingesetzt worden.

Patente sind aus gesetzlicher Sicht nach Ablauf noch 6 Jahre aufzubewahren. Aus betrieblichen Gründen werden Patente nie vernichtet, sondern im Archiv aufbewahrt. Sie gehören zu den ewigen Akten.

Schriftgutkatalog

Schriftgut	gesetzlich*			betrieblich		
Aufbewahrungsfristen	10	6	0	Frist	nein	dauerhaft
Angebote mit Auftragsfolge		x				
Angebote ohne Auftragsfolge			x	2 Jahre	x	
Bilanzen im Original	x					
Gebrauchsanweisungen			x			

Gründungsakten der Gesellschaft im Original	x			x
Kontoauszüge	x			
Mietverträge nach Vertragsende	x			
Mitteilungen über Anschriftenänderung soweit Handelsbriefe		x		
Patente nach Ablauf		x		x
Reklamation soweit Handelsbriefe		x		

* für Deutschland

Berechnung der gesetzlichen Aufbewahrungsfristen

Die Aufbewahrungsfrist beginnt mit dem Schluss des Kalenderjahres, in dem der Jahresabschluss festgestellt, der Handelsbrief empfangen oder abgesandt wurde, ein Buchungsbeleg entstanden ist oder Aufzeichnungen vorgenommen wurden.

Die Aufbewahrungsfrist endet mit Ablauf des Kalenderjahres, das sich aus Beginn und Dauer der Frist errechnen lässt.

Beispiel 1

Wird ein Angebot mit Auftragsfolge am 20. Oktober 2000 an den Kunden abgesandt, so beginnt die Aufbewahrungsfrist mit dem Schluss des Kalenderjahres 2000. Die Aufbewahrungsfrist läuft ab dem Jahr 2001 und endet mit Ablauf des Jahres 2006 (2000 + 6 Jahre). Also ab dem 1. Januar 2007 kann vernichtet werden.

1996	1997	1998	1999	2000	2001	2002	2003	2004	2005	2006	2007

Beispiel 2

Wird eine Bilanz (zum 31. Dezember 1995) im Jahre 1996 festgestellt, d. h. von der Gesellschaft akzeptiert, so beginnt die Aufbewahrungsfrist mit dem Schluss des Kalenderjahres 1996. Die Aufbewahrungsfrist läuft ab dem Jahr 1997 und endet mit Ablauf des Jahres 2006 (1996 + 10 Jahre). Also ab dem 1. Januar 2007 kann vernichtet werden.

1996	1997	1998	1999	2000	2001	2002	2003	2004	2005	2006	2007

Aktenvernichtung

Nutzen Sie die Möglichkeiten, die Ihnen die Aufbewahrungsfristen geben, und sortieren Sie tote Akten regelmäßig aus. Kennzeichnen Sie Ihre abgelaufenen Akten, Ordner, Mappen beim Aussortieren mit dem Ende der Aufbewahrungsfrist.

13 Dokumenten-Management

Suchen und Finden von Schriftstücken und Dokumenten gelingt mit einer einheitlichen Ablagesystematik. Eine gute Struktur bedeutet kurze Suchzeiten, ganz gleich wo Ihre Ordner stehen: im Regal oder im PC.

13.1 Aktenplan

0 bis 9 schafft Ordnung

Ein Aktenplan ist dort interessant, wo umfangreiche, unterschiedliche und sachbezogene Unterlagen übersichtlich aufbewahrt werden müssen, was sich weder in eine rein numerische noch alphabetische Ordnung eingliedern lässt. Ein Aktenplan muss immer auf die unternehmenstypischen Aufgaben zugeschnitten werden. Ein Muster-Aktenplan, wie Sie ihn im Anhang finden, ist nur ein Anhaltspunkt.

Der klassische Aktenplan gliedert sich in zehn Hauptgruppen. Die Aufteilung 0–9 (sie soll aus Indien stammen) hat den großen Vorteil, dass man ein Zehnersystem hat, das durchgängig einstellig ist (0–9). Bei der Zählung 1–10 gelingt das nicht. Übrigens: Der Kontenplan der Buchhaltung ist in gleicher Weise aufgebaut.

Eins, zwei, drei – ein Aktenplan

1. Schritt: Aktenübersicht herstellen

Wenn Sie Ihren Aktenplan aufstellen wollen, müssen Sie zuerst eine Aktenübersicht erstellen, damit Sie wissen, was Sie alles zu ordnen haben.

Sie schreiben für jeden Ordner, für jede Akte eine Karteikarte mit dem entsprechenden Ordnernamen. Das ergibt Ihre Aktenübersicht.

Hier das Beispiel eines Existenzgründers, stolzer Besitzer der ersten 40 Ordner seiner Agentur:

Aktenübersicht mit 40 Ordnern

Abschlüsse	Kunden
After Sale	Leistungen, betriebliche
Akquisition	Lieferanten
Anfragen, Angebote	Marktbeobachtung
Arbeitsrecht	Mitarbeiter
Archiv	Mitgliedschaften
Banken	Organisation
Buchungsbelege	Partner
Budget	Personalbeschaffung
Büro	Preisgestaltung
Dienstleistung, fremde	Konzept
Druckwerke, eigene	Recht
Einkauf	Statistik Einkauf
Einkauf Dokumentation	Statistik Personal
Finanzamt	Statistik Verkauf
Führung	Steuerberater
Gehälter	Strategie
Geschäftsberichte	Team
Gründung	Versicherungen
Kontakte Presse	Zeitschriften

2. Schritt: Hauptgruppen festlegen

Danach legen Sie die zehn Hauptgruppen fest, die für Ihr Büro oder Ihren Betrieb wichtig sind, und zwar von 0–9. Die Hauptgruppen Leitung, Verwaltung, Finanzen, Personal, Einkauf, Vertrieb und Öffentlichkeit kommen sicher in jedem Unternehmen vor. Handelt es sich um einen Industrie- oder Herstellungsbetrieb, so werden Hauptgruppen für die Fertigung hinzukommen.

In einem Chefsekretariat haben Sie sehr wahrscheinlich die Hauptgruppen Leitung, Verwaltung, vielleicht auch Finanzen und Personal oder Öffentlichkeit. Möglicherweise kommen nur 3–4 Hauptgruppen zum Zuge. Es müssen nicht alle zehn Hauptgruppen in einem Aktenplan realisiert sein.

Unsere Agentur ist ein Dienstleistungsunternehmen. Hier werden Projekte ausgeführt. Also wird eine Hauptgruppe Projekt benötigt. Die restlichen Hauptgruppen bleiben frei für weitere Entwicklungen.

Zehn Hauptgruppen

0	Leitung
1	Verwaltung
2	Finanzen
3	Personal
4	Einkauf
5	Projekt
6	frei
7	frei
8	Vertrieb
9	Öffentlichkeit

3. Schritt: Ordner und Akten den Hauptgruppen zuordnen

Nicht alle Finanzordner stehen unter „2 Finanzen". Die Hauptgruppen sind keine Abteilungen, sondern Aufgabengebiete. Hier gibt es oft Missverständnisse. Dazu gehören auch Ordner, die etwas mit Finanzen zu tun haben und in anderen Abteilungen, Sekretariaten oder beim Chef stehen. Unsere Agentur hat den Aktenplan so gelöst:

Aktenplan einer Agentur in Kurzform

	Hauptgruppe		**Gruppe**
0	**Leitung**	0-0	Gründung
		0-1	Führung
		0-2	Team
		0-3	Partner
		0-4	Mitgliedschaften
		0-5	Geschäftsbereiche
		0-6	Archiv
1	**Verwaltung**	1-0	Büro
		1-1	Organisation
		1-2	Versicherung
		1-3	Recht
		1-4	Zeitschriften
2	**Finanzen**	2-0	Banken
		2-1	Finanzamt
		2-2	Steuerberater
		2-3	Buchungsbelege

		2-4	Budget
		2-5	Abschluss

3	**Personal**	3-0	Arbeitsrecht
		3-1	Leistungen, betrieblich
		3-2	Personalbeschaffung
		3-3	Mitarbeiter
		3-4	Gehälter
		3-5	Statistik

4	**Einkauf**	4-0	Einkauf
		4-1	Einkauf DOKU
		4-2	Lieferanten
		4-3	Dienstleistung, fremde
		4-4	Statistik

5	**Projekt**	5-0	Konzept

6	**frei**	

7	**frei**	

8	**Vertrieb**	8-0	Strategie
		8-1	Preisgestaltung
		8-2	Akquisition

Dokumenten-Management

		8-3	Anfragen, Angebote
		8-4	Kunden
		8-5	After-Sale
		8-6	Statistik
9	Öffentlichkeit	9-0	Kontakte Presse
		9-1	Druckwerke, eigene
		9-2	Marktbeobachtung

So entsteht ein Aktenplan für jedes Büro, für jedes Office, für jedes Sekretariat. Wichtig ist, dass Sie die Struktur gemeinsam – im Gespräch mit allen Beteiligten – beraten und entwickeln. Dann wird es ein Erfolg.

Muster-Aktenplan: Gliederungstiefe

Der Muster-Aktenplan Dienstleistung im Anhang basiert auf dem hier skizzierten Aktenplan, allerdings wurde die Gliederung verfeinert. Z. B. wurde der Ordner „9-1 Druckwerke, eigene" untergliedert in:

9-1 Druckwerke, eigene

➤ 9-10 Prospekte, eigene

➤ 9-11 Pressemappen, eigene

➤ 9-12 Media-Material, eigenes

Konkret bedeutet dies, dass der Ordner „9-1 Druckwerke, eigene" aufgelöst wurde und durch drei neue Ordner ersetzt wurde. Das ergibt sich daraus, dass 9-10, 9-11 und 9-12 Untergruppen der Gruppe 9-1 sind. Oder anders gesagt: Eigene Druckwerke finden Sie in drei

Ordnern. Dabei kann es sich um Prospekte, Pressemappen oder Media-Material handeln.

Wenn Zweigstellen denselben Aktenplan benutzen, kennzeichnet man alle Aktenzeichen der Zweigstelle mit der entsprechenden Zweigstellennummer: 9-12-3. Bei Handelskammern und Behörden findet man Aktenpläne mit bis zu zwölf Stellen. So wird es möglich, große Bestände zu katalogisieren.

Für eine Abteilung oder für ein Sekretariat brauchen Sie diese Gliederungstiefe nicht. Sie können die Vorteile des Aktenplanes, nämlich Strukturiertheit, Übersichtlichkeit, Nachschlagbarkeit voll genießen, ohne in ein ausgefeiltes Regelwerk einsteigen zu müssen.

Muster-Aktenplan: Ablageregeln

Dort, wo es beim Ablegen Missverständnisse geben kann, ist es ratsam, in den Aktenplan Ablageregeln aufzunehmen. So können Sie sicher sein, dass alle, die mit der Ablage befasst sind, auf die gleiche Weise ablegen.

Ablageregeln

Aktenführung	Einzelakte, Sammelakte
Aufbewahrungsfrist	Verfalldatum
Heftung	kaufmännisch, behördlich
Register	nach ABC, nach Datum, nach Sachgebieten, numerisch
Schriftgutbehälter	Ordner, Hängemappen
Erstellung	PC oder EM (E-Mail)

Hier einige Beispiele:

0-30	Partnerschaften Kooperationen (nach ABC)	2-33	Belege, sortiert (nach Datum kaufmännisch)
3-30	Personalakten Mitarbeiter (Einzelakte je MA, Hängeregistratur)	4-21	Bezugsquellennachweis (nach Sachgebieten)
8-01 PC	Marketingkonzept	9-02 EM	Kontakt Presse (nach ABC, nach Datum)

Aktenverzeichnis

Ein Aktenverzeichnis enthält alle vorhandenen Ordner mit entsprechendem Standort und legt Verantwortlichkeiten festlegt. Es gehört in jeden Schrank und ins Organisationshandbuch. Ein Beispiel:

Schrank 1 im Büro

Gründung	0-0
Führung	0-1
Team	0-2
Partner	0-3
Mitgliedschaften	0-4
Office	1-0
Organisation	1-1
Versicherung	1-2
Recht	1-3
Zeitschriften	1-4
Banken	2-0
Finanzamt	2-1
Steuerberater	2-2
Buchungsbelege	2-3
Budget	2-4

Abschluss	2-5
Arbeitsrecht	3-0
Leistungen, betrieblich	3-1
Personalbeschaffung	3-2
Mitarbeiter	3-3
Gehälter	3-4
Einkauf	4-0
Lieferanten	4-2
Dienstleitung, fremde	4-3

13.2 Papier oder PC?

Wir alle arbeiten mit dem PC und eine Reihe von Dokumenten legen wir auch gleich im PC als Datei ab. Wie aber wieder finden? Auch bei der PC-Ablage hilft Ihr Aktenplan. Sie können die Struktur des Aktenplanes auf einfache Weise auf den PC übertragen und so eine Integration schaffen von Papierablage und PC-Ablage.

Papierablage

Wenn Sie ein bestimmtes Schriftstück suchen, z. B. den Mietvertrag Ihres Büros, dann gehen Sie an den Aktenschrank, suchen den Ordner „Büro", schauen im Register nach und finden dort unter der Rubrik „Mietvertrag" das gesuchte Schriftstück. Der Suchweg folgt dem Muster:

Aufbau einer Papierablage

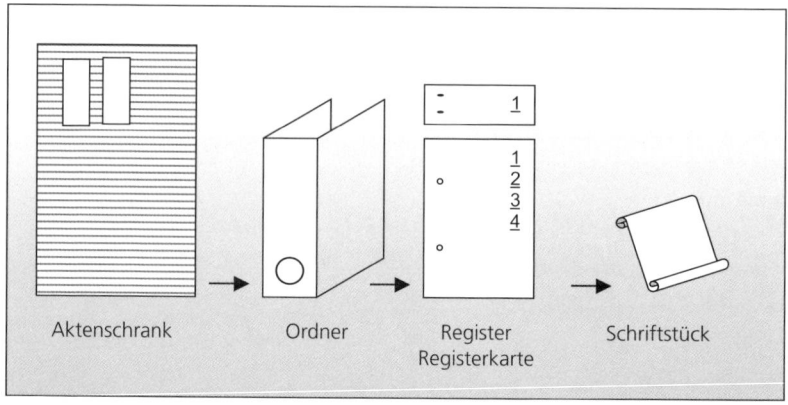

PC-Ablage

Wenn Sie ein bestimmtes Dokument im PC suchen, z. B. den Mietvertrag Ihres Büros, dann öffnen Sie Ihr Verzeichnis, öffnen dann den PC-Ordner „Büro", verfolgen die PC-Ordnerfolge. Sie öffnen daraus den PC-Ordner „Mietvertrag" und finden Ihr Dokument dort abgelegt.

Der Pfad heißt also: Verzeichnis – Ordner – Ordnerfolge – geöffneter Ordner – Dokument.

Erst am Ende dieses Pfades treffen Sie auf das gesuchte Dokument.

Aufbau einer PC-Ablage

1. Ebene	2. Ebene	3. Ebene	4. Ebene	PC-Pfad	Inhalt	Papier
📁				Verzeichnis	Ihr Verzeichnis	Aktenschrank
	📁			Ordner	Büro	Ordner
		📁		Ordnerfolge	Registerkarte 2	Register
		📁			Registerkarte 3	
		📁			Registerkarte 4	
		📂		geöffneter Ordner	Registerkarte 1	Registerkarte
			📄	Dokument	Mietvertrag	Schriftstück

Aktenplan am PC

Sie sehen, dass die Papier-Ordung und die PC-Ordnung gar nicht so weit auseinanderliegen. Sie können daher ohne Mühe die Gliederung Ihres Aktenplanes auf Ihrem PC abbilden.

Sie beginnen mit dem Verzeichnis: Aktenplan EDV. Dann folgen die Hauptgruppen. Wie viele Hauptgruppen haben Sie in Ihrem Aktenplan? In diesem Beispiel sind alle zehn Hauptgruppen vorhanden:

Aktenplan EDV mit zehn Hauptgruppen

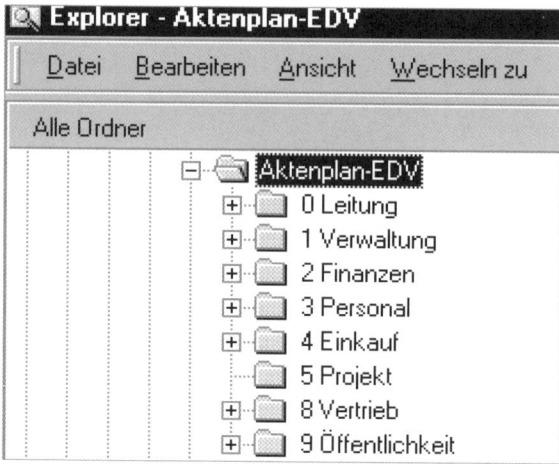

Die Ziffern 0–9 vor den Hauptgruppen bewirken, dass die Ordner auch tatsächlich in dieser Reihenfolge auftreten. Ohne Ziffern würde der PC automatisch in alphabetischer Reihenfolge gliedern. Sie hätten dann die Reihenfolge: Einkauf, Finanzen, Leitung usw.

In unserem Beispiel hat die Hauptgruppe „0 Leitung" sieben Gruppen: Der Pfad heißt: Aktenplan EDV – 0 Leitung – 0-0 Gründung.

Wenn Sie nicht weiter untergliedern, finden Sie unter „0-0 Gründung" z. B. die Gesellschaftsverträge, den Handelsregistereintrag und den Schriftwechsel mit den Gesellschaftern. Der PC sortiert die Dateinamen nach ABC.

Aktenplan EDV, Hauptgruppe „Leitung" mit sieben Gruppen

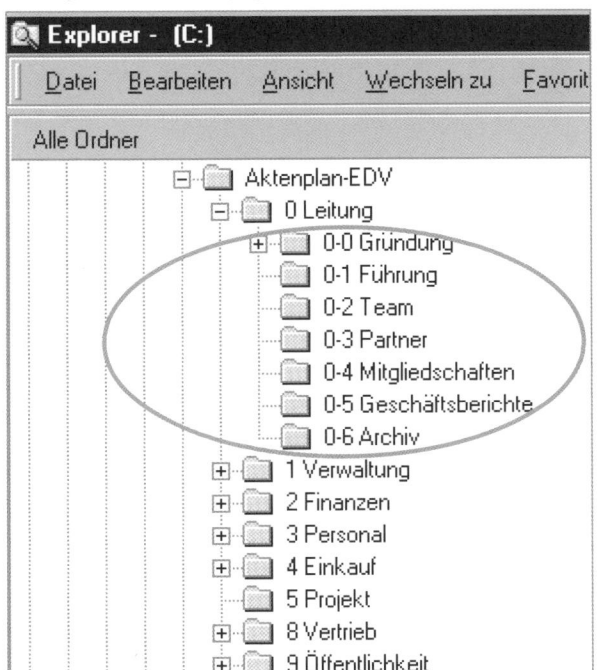

Bei einem tiefer gegliederten Aktenplan – wie z. B. dem Muster-Aktenplan im Anhang – würden Sie an „0-0 Gründung" noch weitere Ordnerfolgen anfügen, z. B. „0-00 Gesellschaftsverträge", „0-01 Handelsregister" und „0-02 Schriftwechsel mit Gesellschaftern". Da Ihre Dokumente immer im letzten Ordner des Pfades abgelegt sind, finden Sie Gesellschaftsverträge unter „0-00 Gesellschaftsverträge" und Schriftwechsel mit Gesellschaftern unter „0-02 Schriftwechsel mit Gesellschaftern".

13.3 E-Mail-Organisation

Wohin aber mit den dynamischen E-Mails? Das sind die E-Mails zum Tagesgeschäft: Hier lesen, dort prüfen, abstimmen, entscheiden, um die laufenden Vorgänge voranzutreiben bis zum guten Abschluss.

Auch bei der Organisation der E-Mails gilt das Prinzip der zwei Bereiche: der dynamische Arbeitsbereich mit der Platzablage für die laufenden Vorgänge – das sind vor allem die E-Mails – und der statische Arbeitsbereich mit der Bereichsablage für die abgeschlossenen Vorgänge (Kapitel 1).

E-Mails in Ordnern ablegen

Ohne eine gute Platzablage sind Sie auch bei den E-Mails nicht schlagkräftig. Für die Organisation Ihrer E-Mails richten Sie daher einen Hauptordner ein für die E-Mail-Ablage.

MS Outlook. Persönlicher Ordner/Datei/Neu/Ordner.

Lotus Notes 7.0. Ordner/Ordner erstellen. Lotus Notes 8.0. Symbol Ordner/Ordner erstellen.

Durch Unterordner bekommen Sie mehr Übersicht. Ein Schaubild zur Struktur der Platzablage finden Sie in den Arbeitshilfen am Ende des Buches.

E-Mail-Ablage. Beispiel Lotus Notes

```
Ordner
    A. Platzablage
        Aktionen
            Bestellen
            Klären
            Lesen
            Weiterleiten
        Job
        Know-how
        Koordination
            Chef
            Kollegin
            Meeting
        Projekte
        Themen
```

Selbstverständlich können Sie auch Ihre eigene Ablagestruktur für die dynamischen E-Mails entwickeln und nicht so sehr nach Thema vorgehen, sondern nach Arbeitsschritten. Zum Beispiel: Intensiv bearbeiten. Nur reagieren. Später Lesen. Die Struktur der Platzablage ist sehr abhängig von Ihrem Aufgabenfeld.

Wenn Sie mögen, können Sie die E-Mail im Ordner als ungelesen markieren. Dann sticht sie in der Ordnerliste hervor. Und zwar solange bis die Aufgabe dazu erledigt ist.

MS Outlook. Rechte Maus/Als ungelesen markieren.

Lotus Notes. Bearbeiten/Ungelesen Markierungen/Gewählte Dokumente als ungelesen markieren.

E-Mails zu Aufgaben wandeln

Bevor man eine E-Mail ablegen kann, auch wenn es sich um ein Zwischenlagern handelt, muss man etwas damit tun. Hier bietet es sich an, über drag & drop (MS Outlook) die E-Mail in den Ordner Aufgaben zu verschieben. Aus der E-Mail wird eine Aufgabe. Im Notizfeld der Aufgabe steht der gesamte E-Mail-Text. Man schlägt zwei Fliegen mit einer Klappe: Die E-Mail kann zum Vorgang abgelegt werden und die E-Mail kann strukturiert bearbeitet werden, und zwar über die Aufgabenliste. Der Kleinkram, die sogenannten 5-Minuten-Jobs, werden im Rahmen der Posteingangs-Routine sofort erledigt.

In Lotus erledigen Sie das so: Lotus Notes 8.0: Kopieren in. Lotus Notes 7.0: Kopieren in und drag & drop über die Navigationsleiste.

Leerer Schreibtisch. Leerer Posteingang

Mit Ihrer Ordner-Struktur haben Sie das Wichtige in Reichweite (Kapitel 2.2). Sobald Sie eine Platzablage eingerichtet haben, können Sie einen „Leeren Schreibtisch" praktizieren, auch elektronisch. Sie können in Zeitintervallen eine Posteingangs-Routine (Kapitel 3) durchführen. Ihr Posteingang ist dann definitiv leer. Alles ist auf den Weg gebracht. Sie wissen Bescheid.

Die Alternative ist ein Ordner *Posteingang* mit 200 – 300 Mails, markiert durch bunte Fähnchen mit Erinnerung, möglicherweise sortiert nach Eingangsdatum, was die Sache noch unübersichtlicher macht. Dieser Zustand ist vergleichbar einem Riesenstapel fliegender Blätter. Und davon wollen Sie weg!

Sortierung nach Datum im Posteingang ausschalten: *Ansicht/Anordnen nach/In Gruppen anzeigen/Haken aus. Outlook 2007 und 2003.*

E-Mails ausdrucken? Altes Denken

Das Ausdrucken von E-Mails ist der Versuch, die E-Mails in die traditionelle Form der Postbearbeitung Papier zu integrieren. Die Fülle der Mails macht den Versuch aber zunichte. Daher: Bleiben Sie elektronisch auch wenn Sie damit organisatorische und inhaltliche Aspekte einer Aufgabe in einem Zug übernehmen.

Wohin mit den erledigten E-Mails

Ganz einfach wäre es, wenn man die E-Mails einfach löschen könnte. Davor steht aber das HGB mit den Aufbewahrungsfristen. Eine geschäftskritische E-Mail ist ein Handelsbrief und muss entsprechend aufbewahrt werden – bis zu 10 Jahren. (Kapitel 12.5 Aufbewahrungsfristen und Kapitel 14.6 Rechtliche Grundlagen) E-Mails, die Sie von Chef oder Chefin als Aufgaben bekommen, unterliegen dem HGB nicht. Diese können Sie löschen, wenn Sie diese nicht dokumentieren wollen.

Ist ein Vorgang abgeschlossen, hat man alle E-Mails dazu im entsprechenden Ordner der Platzablage. Und dann wohin? Die Größe des Posteingangs ist begrenzt.

MS Outlook

MS Outlook bietet die Möglichkeit, E-Mails in den Explorer (das Laufwerk) zu speichern. Die Mails können dann in MS Outlook gelöscht werden und stehen dennoch gesichert zur Verfügung, jederzeit abrufbereit.

MS Outlook. Geöffnete E-Mail/Schaltfläche Office (2007), Datei/Speichern unter (2003). Die Betreffzeile der E-Mail wird automatisch Dateiname. Diesen können Sie überschreiben. Wählen Sie als Dateityp über das Listenfeld Outlook-Nachrichtenformat – Unicode. Fertig. Die E-Mail ist jetzt im Explorer gespeichert. Mit allen Anlagen! In MS Outlook können Sie sie löschen.

Mehrere E-Mails speichern: Dafür gibt es viele Möglichkeiten. Die einfachste ist: 1. Den Ordner im Explorer aufrufen, in den hinein gespeichert werden soll. 2. Eine Reihe von E-Mails in MS Outlook markieren. 3. Mit gedrückter Maus den ganzen Schwung markierter E-Mails über die Task-Leiste (Maus immer gedrückt halten) in den Ordner schieben. Sobald Sie unten die Task-Leiste passieren, öffnet sich der Explorer. Die markierten Mails danach löschen und schon ist wieder Platz.

Lotus Notes

Wenn Ihr Administrator keine andere Einstellung vorgenommen hat, können Sie eine E-Mail im PDF-Format im Explorer (Laufwerk) speichern. Datei/Drucken/PDF. Die Anlagen müssen Sie extra speichern.

Für die Ablage abgeschlossener E-Mails gibt es die Möglichkeit der Archivierung. Wählen Sie erst die Einstellungen: Aktionen/Archiv/Einstellungen/Dokumente in meine hier angegebene Archivdatenbank kopieren. Dann diese Datenbank bereinigen. Dabei geben Sie eine Bezeichnung für diese Einstellungen ein, die Sie frei wählen können. Die müssen Sie aktivieren. Folgen Sie dabei dem Programm. Ihre Bezeichnung hat dann ein Häkchen.

In einem zweiten Schritt wählen Sie durch Markierung einzelne E-Mails aus, die archiviert werden sollen. Dann: Aktionen/Archiv/Ausgewählte Dokumente archivieren/Archivziel wählen (Ihre frei gewählte Bezeichnung) OK.

So kommen Sie ins Archiv: Lotus Notes 7.0. Über Werkzeuge/Archiv/Ihre Bezeichnung kommen Sie ins Archiv hinein. Erkenntlich durch den Aktenschrank im Bild. Und mit Klick auf die Navigationsleiste wieder heraus. Lotus Notes 8.0. Im Navigationsfeld den Ordner Archiv anklicken. Ihre Bezeichnung wählen. Dass Sie im Archiv sind erkennen Sie an der Schaltfläche oben. Klick auf das Kreuz und Sie sind wieder draußen.

14 DMS, Dokumenten-Management-Systeme

14.1 Automatisierung im Office

„Was ist ein Büro?" Diese Frage stelle ich gern in meinen Seminaren. Genügen Schreibtisch und PC für ein Büro? Sind Büros ohne Menschen denkbar? Hartmut Böhme, Professor für Kulturtheorie an der Humboldt-Universität in Berlin hat es so ausgedrückt: „Büros, so klein oder groß sie sein mögen, sind Relais von Informationsströmen, die eingehen, koordiniert, verwaltet, gespeichert, distribuiert und ausgegeben werden. Das ist ihr Grundunterschied zu Produktionsstätten, die es mit Stoffwechselprozessen zu tun haben: von Rohstoffen zu Produkten." Und weiter: „Was immer auch inhaltlich die Arbeit eines Büros sein mag: es kommt ‚etwas hinein', wird ‚verarbeitet' und ‚geht wieder hinaus'". Büro scheint also ganz einfach zu sein. Das zu glauben fällt aber schwer, denn die zunehmende Komplexität der Aufgaben, die Vielseitigkeit der Themen und besonders die Gleichzeitigkeit der Vorgänge machen das Office von heute zu einem äußerst unübersichtlichen Arbeitsfeld. Die Lösung liegt darin, das Büro als ein System zu betrachten, in dem die einzelnen Komponenten definiert und miteinander verzahnt sind. Damit bekommen Sie auch komplizierte Büroorganisationen in den Griff. Mit dem Einsatz von Dokumenten-Management-Systemen und elektronischer Archivierung wird dieses System – oder Teile davon – automatisiert. Wir befinden uns mitten in der administrativen Revolution, die hohe Produktivitätssteigerungen für dokumentgeprägte Prozesse verspricht. Hartmut Böhme formuliert: „Das Büro ist ein Motor der Entwicklung von Kommunikations-Techniken, und diese erzeugen eine permanente Mobilisierung der Büroorganisation."

Zukunft der Büroorganisation

Böhme, Hartmut (1998): Das Büro als Welt – die Welt im Büro, in: Lachmayer, Herbert/Louis, Eleonora: Work & Culture, Büro. Inszenierung von Arbeit, Ausstellungskatalog, Klagenfurt, S. 95–105. Im Internet unter: http://www.culture.hu-berlin.de/hb/static/archiv/volltexte/texte/buereau.html (Stand März 2008).

14.2 Gute Vorbereitung

Die Automatisierung des Büros will gut vorbereitet sein. Was soll automatisiert werden? Die Verwaltung von Personal- oder Versicherungsakten? Die Rechnungseingangsprüfung? Die Belegverwaltung? Wie soll das elektronische Archiv aufgebaut sein? Welche technischen Standards sind erforderlich? Was sagt der Betriebsrat dazu? Die Unternehmensberatung Zöller & Partner hat eine Checkliste zusammengestellt. Sie liefert Interessenten im Vorfeld des Projektes erste Anhaltspunkte, welche Dokumente in welchen Abläufen mit welcher Priorität zu betrachten sind. Erst danach erfolgt die Produktauswahl.

Checkliste zum Einstieg in Dokumenten-Management-Systeme

http://www.elektronische-steuerpruefung.de/checklist/dok_man.htm (Stand März 2008)

Die nicht unerheblichen Kosten kommen aus drei Bereichen: 1/3 Hardware, 1/3 Software und 1/3 Beratungsleistungen; denn die Software muss immer an die Erfordernisse des Unternehmens angepasst werden. Zu entscheiden ist etwa, ob das ganze Unternehmen einbezogen werden soll oder nur eine bestimmte Abteilung, ob überquellende Papierarchive aufgelöst werden sollen oder Durchlaufzeiten zu verkürzen sind. Aus diesen Entscheidungen ergibt sich auch der Grad der Integration: reine Archivierung oder Dokumenten-Management mit Vorgangsbearbeitung bis hin zum Wissensmanagement, das aus dem archivierten Wissen immer wieder neues Wissen schafft. Welche Prozesse sind überhaupt automatisierbar? Welche Dokumentarten liegen vor und aus welchen Quellen stammen sie? Sind es elektronische Dokumente aus PC, E-Mail oder Papierdokumente aus Schriftverkehr, Fax? Die Durchführung eines DMS-Projektes kann – von der Planung bis zur Einführung – durchaus ein bis zwei Jahre dauern.

Gut strukturierte und sehr aussagefähige Einführung

Harald Klingelhöller, Dokumenten-Managementsysteme. Handbuch zur Einführung, Springer, 2004.

Um zu klären, welche Software die beste Lösung für die Unternehmensziele bietet, hat sich die BARC-Studie als herausragendes Instrument erwiesen. BARC, ein Business Application Research Center, aus der Universität Würzburg hervorgegangen und unabhängig, testet jährlich DMS-Anbieter und gibt Broschüren zu Business Intelligence und Dokumenten-Management heraus. Diese sind allerdings nicht billig. BARC veranstaltet auch Konkurrenzpräsentationen, wie z. B. das „Kräftemessen im Dokumenten-Management", wo innerhalb eines Tages acht DMS-Anbieter im direkten Vergleich ihre Produkte präsentieren.

Transparenz für Softwareentscheidungen mit dem BARC-Guide

www.barc.de

Das wachsende Interesse an Dokumenten-Management-Systemen zeigt sich in den wachsenden Besucherzahlen der DMS Expo, einer jährlich im September in Köln, stattfindenden europäischen Fachmesse mit Konferenz für elektronisches Informations-, Content- und Dokumenten-Management. Ursprünglich als Messe für Dokumenten-Management-Systeme gestartet, ist die DMS Expo heute die Messe für Digital Management Solutions.

Europäische Fachmesse in Köln, immer im September

www.dms-expo.de

Darüber hinaus veranstalten die DMS-Softwareunternehmen regelmäßig Roadshows, um die besonderen Vorteile ihrer Produkte herauszustellen und mit potenziellen Kunden ins Gespräch zu kommen. Recherchieren Sie im Internet. Die BARC-Studie nennt u. a. folgende Adressen:

Ausgewählte Anbieter von DMS nach BARC

www.d-velop.de

www.docuware.de

www.easy.de

www.elo.com

www.saperion.com

www.ser.de

www.windream.com

14.3 Elektronische Archivierung

Es sind vor allem die vielen Suchmöglichkeiten, die in kurzer Zeit zum Erfolg führen, die für Dokumenten-Management-Systeme sprechen. Denn das komplette Know-how eines Unternehmens steckt in seinen Dokumenten.

Die wichtigste Orientierungsgröße im Dokumenten-Management ist die Dokumentart. Das können z. B. sein: Brief, Rechnung, Angebot, Überweisung, Vereinbarung, Protokoll. Mit den Dokumentarten werden später die Strukturen im Dokumenten-Management-System definiert. Sie sind der Kern und Ausgangspunkt für die Verteilung der Berechtigungen des Zugriffs und der Verarbeitung. An den Dokumentarten orientieren sich die Ablagemedien. Der Beschreibung und Klassifikation der Dokumentart kommt eine hohe Bedeutung zu.

Über die Dokumentmerkmale bekommt jedes Dokument ein unverwechselbares Dokumentprofil. Bei der Suche zeigt das System über Trefferlisten alle Dokumente an, die diesen Attributen entsprechen.

Dies können Dokumentmerkmale sein:

➤ Dokumentart wie Angebot, Brief, Grafik, Präsentation, Protokoll, Rechnung, Vertrag

➤ Name des Absenders und Empfängers

➤ Sende- und Empfangsdatum

➤ Betreff

➤ Stichwort oder Schlagwort für den Inhalt

➤ Aktenzeichen eines Aktenplans

➤ Dokumentennummer

Papierdokumente müssen über Hochleistungs-Scanner digitalisiert und über Suchmasken indexiert werden, um sie wiederauffindbar zu archivieren. Das geschieht entweder direkt in der Poststelle oder beim Posteingang in den Abteilungen. Versicherungen z. B. scannen Schadensmeldungen einschließlich Fotos in der Poststelle ein, um die Papiermengen einzudämmen. Ist der Sachbearbeiter mit der Güte des Scannproduktes zufrieden, werden die Papierunterlagen vernichtet. Vorsichtige lagern die Papierunterlagen zunächst bei Spezialisten nach Eingangsdatum und vernichten erst später. Im Postkorb der Abteilung oder des Sacharbeiters finden sich Dokumente jeglicher Art und Herkunft in einem gemeinsamen Dokumenten-Pool. Diese Informationen stehen allen Kollegen thematisch sortiert zur Verfügung.

Die Anzahl der zu archivierenden Dokumente, Dateien und E-Mails steigt exponentiell. Die elektronischen Archive werden zu einem riesigen Informationspool, der mit neuen intelligenten Suchstrategien die Basis für Wissensmanagement bildet.

14.4 Workflow

Workflow heißt Arbeitsfluss. Workflow ist die detaillierte Beschreibung eines automatisierten Arbeitsablaufs. Workflow-Systeme bilden Geschäftsprozesse ab über Abteilungsgrenzen hinweg. Für die Automatisierung geeignet sind nur Prozesse mit hoher Wiederholfrequenz und hohem Strukturierungsgrad. Die Erstellung eines Versicherungsvertrages zum Beispiel lässt sich gut über ein Workflow-System steuern. Oder die Eingangsrechnungsprüfung.

Ist der Arbeitsfluss erst einmal festgelegt, geht die Initiative vom System aus. Der Mitarbeiter oder die Mitarbeiterin bekommen ihre To-Do's und die Ressourcen dazu vom System zugewiesen. Die Dokumente kommen im persönlichen elektronischen Postkorb des Sachbearbeiters an und müssen termingerecht bearbeitet werden. Die Bearbeitungszeit ist messbar. Liege- und Transportzeiten sind minimiert. Die Sachbearbeiter sitzen, bildlich gesprochen, an einem „elektronischen Förderband". Über die Historie ist jederzeit feststellbar, wo sich der Vorgang befindet und wie der Bearbeitungsstand ist.

Im automatisierten Betrieb ist das Scannen (Imaging), Kennzeichnen und Ablegen (Capturing) in den Workflow eingebunden. Archivierungssysteme, Postverteilsysteme und die Automatisierung der Vorgangssachbearbeitung verbinden sich im Workflow zu einem EDV-System unter einer einheitlichen Oberfläche. Die Produktivitätssteigerung kommt über die Prozessoptimierung und über die Automatisierung.

Kein Workflow

Die Angeboterstellung für einen Film lässt sich nur bedingt automatisieren, da Ausstattung, Schauspieler, Drehorte von Film zu Film variieren. Oder: Prozessbegleitende Tätigkeiten in einer Anwaltskanzlei lassen sich nur bedingt automatisieren. In beiden Fällen gilt: Die Wiederholfrequenz ist hoch, aber der Strukturierungsgrad ist niedrig. Hier helfen gute Standards.

14.5 Elektronische Akte

Große Aktenbestände sind unübersichtlich und benötigen viel Platz. Deshalb ist der Wunsch nach einem elektronischen Aktenmanagement verständlich. Man verspricht sich davon neben geringeren Raum- und Personalkosten eine höhere Kundenzufriedenheit durch die sofortige und vollständige Klärung von Sachverhalten – und dies an jedem Standort: ob Zentrale, Zweigstelle oder Home-Office des Mitarbeiters. Kein langes Suchen der Akte, keine unvollständige Akte, kein Kopieren, kein Verteilen, keine Doppelablage.

Technisch gesehen ist die hierarchische Darstellung einer Vorgangsakte eine Zusammenfassung einzelner Dokumentarten zu Dokumentgruppen unter dem Oberbegriff der Aktennummer. In einer Kundenakte zum Beispiel sind die Dokumentarten: Anfrage, Angebot, Bestellung, Auftragsbestätigung, Lieferschein, Rechnung und weitere Projekt- oder Vorgangsunterlagen zu einer Dokumentgruppe zusammengefasst. Die Kundennummer dient als Oberbegriff, d. h., alle Inhalte sind kundenspezifisch.

In vielen Banken werden Kreditakten auf diese Weise geführt. Rentenversicherer integrieren den gesamten Altbestand in ein elektronisches Aktenmanagement. Patientenakten mit hohen Datenschutzanforderungen und Langzeitarchivierung bis zu 30 Jahren sind möglich. Für Kunden- und Lieferantenakten heißt es: bei Anruf Auskunft. Personalakten werden transparent. Die Fähigkeiten der Mitarbeiter können besser eingesetzt werden. Für die Verwaltung von Einstieg und Ausstieg kann ein Mitarbeiter-Workflow integriert werden.

Neuer Trend: Dokumenten-Management-Systeme richten verstärkt eine Informationsplattform ein mit Groupwarefunktion (Kalender, Aufgabenliste, Wiedervorlage) und Meetingfunktion. Dadurch wird die Dynamik des Arbeitsprozesses erhöht.

Die nicht unerheblichen Kosten rechnen sich bereits nach einem Jahr durch höhere Effizienz und gesteigerte Kundenorientierung für interne wie externe Kunden.

14.6 Rechtliche Fragen

GDPdU

Seit dem 1. Januar 2002 gelten die „Grundsätze zum Datenzugriff und zur Prüfbarkeit digitaler Unterlagen", kurz GDPdU, für alle steuerpflichtigen Unternehmen. Alle originär elektronisch erstellten steuerrelevanten Daten sind betroffen. Die Prüfmethoden der steuerlichen Außenprüfung werden durch diesen Erlass des Bundesministeriums der Finanzen EDV-gestützter Buchführung angepasst. Die Finanzverwaltung hat das Recht, direkt auf digitale steuerrelevante Unternehmensdaten zuzugreifen. Das betrifft als Kernbereiche die Anlagenbuchhaltung, Finanzbuchhaltung und Personalbuchhaltung. Der Steuerpflichtige muss die Daten prüfbar machen. Die digitalen Daten dürfen von den Finanzbeamten nach beliebigen Kriterien sortiert, gefiltert und zusammengestellt werden. In Zweifelsfällen können weitere Unterlagen angefordert werden: Auftrags- und Bestellunterlagen, Arbeitszeiterfassung, Managementinformationen, Kostenstellenpläne oder auch Vorstandsprotokolle.

Es gibt drei wahlfreie Formen des Datenzugriffs (Zugriffsart Z1, Z2, Z3) auf alle gespeicherten Daten einschließlich Stammdaten und Verknüpfungen:

Z1 Unmittelbarer Zugriff:
Nur-Lesezugriff des Steuerprüfers auf die Software vor Ort

Z2 Mittelbarer Zugriff:
wie Z1 plus technische Mithilfe des Steuerpflichtigen

Z3 Datenträgerüberlassung:
auf CD, DVD nach Vorgaben der Finanzverwaltung

Zielsetzung einer Außenprüfung ist nicht mehr die Einzelbelegprüfung, sondern die strukturierte Analyse von Unternehmensdaten, um Steuerschlupflöcher leichter zu finden. Neu bei der elektronischen Steuerprüfung nach GDPdU ist, dass die Steuerprüfer mit einer Prüfsoftware arbeiten können. Die Prüfsoftware darf jedoch nur im Rahmen der Datenträgerüberlassung auf der Hardware des Prüfers eingesetzt werden. Durch den Einsatz moderner Prüfsoftware verändert sich die Außenprüfung beträchtlich. Die Finanzverwaltung setzt die offizielle Prüfsoftware IDEA ein, spezialisiert auf die zuverlässige Prüfung von Datenbeständen in nahezu beliebiger Größe aus unterschiedlichsten Quellen.

Leitfaden GDPdU vom Fachverband, 30 Seiten

Verband Organisations- und Informationssysteme e. V. in Bonn

Zu finden im Downloadcenter von www.voi.de

Ferner sind in Zukunft alle originär digital entstandenen Daten auch digital zu archivieren – analog den gesetzlichen Aufbewahrungsfristen. Ausgenommen sind ausgehende Textdokumente wie Briefe, die nicht zur Weiterverarbeitung und Auswertung in einem DV-System bestimmt sind. Die bisherige Praxis der Mikroverfilmung und des Papierausdrucks als gültige Archivierungsform reicht nicht mehr aus. Die Umsetzung dieses Erlasses ist Bestandteil einer ordnungsgemäßen Buchführung.

Internet-Themenportal rund um den digitalen Datenzugriff

www.elektronische-steuerpruefung.de

E-Mail-Archivierung

E-Mails sind originär digitale Daten. Sind sie steuerrelevant, müssen sie nach GDPdU elektronisch archiviert werden, und zwar unveränderbar im Originalformat. Beispiel: Reisekostenabrechnungen oder Kalkulationen werden in EXCEL erstellt und per E-Mail mit Anmerkungen verschickt. Steuerrelevant sind dabei vor allem die Formeln in EXCEL, also der Anhang zur E-Mail. Deshalb gelten die Aufbewahrungsfristen. An den Aufbewahrungsfristen selbst hat sich nichts geändert. Nur: Es geht in diesem Fall um elektronische Aufbewahrung. Spezielle E-Mail-Archivierungsprogramme sind anwenderfreundlich: Die archivierte E-Mail wird mit einem Archivierungs-Symbol gekennzeichnet, befindet sich als Kopie aber noch im Postfach. Alle DMS-Programme können E-Mails in der vorgeschriebenen Form archivieren.

Die elektronische Post hat heute den klassischen Geschäftsbrief in Papierform weitgehend ersetzt (siehe Kapitel 11.3). Steuerrelevant sind auch E-Mails, deren Inhalt ein- und ausgehenden Handelsbriefen entspricht. Auch diese E-Mails unterliegen der Aufbewahrungspflicht. Die Auseinandersetzung geht aber darum, ob diese E-Mails wie Textdokumente behandelt werden können (dann könnten sie als Papierausdruck aufbewahrt werden wie Word-Dokumente) oder ob sie elektronisch aufbewahrt werden müssen. Die Frage ist noch nicht endgültig geklärt.

Millionenstrafe wegen gelöschter E-Mails

„Dass das Nichteinhalten von gesetzlichen Aufbewahrungsvorschriften in den USA mittlerweile nicht mehr als Kavaliersdelikt abgehandelt wird, zeigt das kürzlich veröffentlichte Urteil gegen Philip Morris: 2,75 Millionen Dollar Geldstrafe musste der Tabakkonzern berappen, weil sich das Unternehmen nicht an entsprechende Auflagen gehalten hatte, sondern sich vielmehr an seiner Praxis orientierte, sämtliche Mails nach sechs Wochen zu löschen."

Strikte Regulierungen bestehen zurzeit nur in den USA. Auf EU-Ebene wird bereits über ähnliche Vorschriften nachgedacht (06.08.2004). www.speicherguide.de

Elektronische Signatur

Die elektronische Signatur ist die Unterschrift der Informationsgesellschaft. 2001 wurde mit dem Signaturgesetz (SigG) eine EU-Richtlinie umgesetzt und der Weg frei gemacht für die elektronische Signatur. Die qualifizierte elektronische Signatur entspricht der Schriftform, der eigenhändigen Namensunterschrift (BGB §§ 126, 126 a). Es gibt einige wenige Ausnahmen: Beendigung eines Arbeitsverhältnisses, Bürgschaft, Schuldanerkenntnis und Zeugniserteilung sowie die notarielle Beurkundung. Hierfür fordert der Gesetzgeber als Schriftform weiterhin die eigenhändige Namensunterschrift. Solche Dokumente werden weiterhin in Papier geführt.

Wie funktioniert die elektronische Signatur? Sie ersetzt die persönliche Unterschrift durch ein mathematisches Verfahren. Zwei Algorithmen ergänzen sich in einer einmaligen Kombination zu einem Algorithmenpaar: ein Algorithmus, der geheim bleibt, und ein Algorithmus, der öffentlich ist und unter dem der Inhaber identifiziert werden kann. Dieses Algorithmenpaar wird von einer Zertifizierungsstelle, einem sogenannten Trust Center, erzeugt und in Form einer Chipkarte, der SmartCard, mit PIN dem Inhaber verliehen. Damit kann der Inhaber fortan seine Dokumente signieren. Die elektronische Signatur ist aber zeitlich begrenzt (wie eine Kreditkarte) und sie ist kostenpflichtig. Der Inhaber ist immer eine natürliche Person. Wer im Besitz der PIN und der Chipkarte ist, kann elektronisch signieren, d. h. rechtsgültig unterschreiben.

Die digitale Signatur ist keine Verschlüsselung, sondern bestätigt nur die Authentizität und die Integrität des Dokuments. Um ein Ausspähen des Dokuments zu verhindern, wird ein Verschlüsselungsprogramm benötigt.

Die elektronische Signatur beruht auf einem ganz neuen Gedanken: Anstatt jedes Dokument mit einem gleich bleibenden Namenszug zu versehen, erzeugt die Signaturtechnologie jeweils eine eigene Kennung, die gleichzeitig das Dokument und den Unterzeichner repräsentiert. Würde ein Übeltäter die signierte Nachricht nachträglich verändern, so fiele dies sofort auf. Die Software würde melden, dass der Inhalt manipuliert worden ist. Die elektronische Signatur ist daher schwerer zu fälschen als eine Unterschrift von Hand.

So signieren Sie elektronisch

Bevor Sie ein Dokument absenden, führen Sie Ihre Karte in das Chipkartenlesegerät und geben Ihre PIN ein. Sie senden das Dokument wie gewohnt. Das ist alles. www.decoda.de

Fast unbemerkt hat das Bundesministerium für Finanzen 2002 verfügt, dass Rechnungen, die per Computerfax oder per E-Mail zugestellt werden, mit einer qualifizierten elektronischen Signatur versehen sein müssen. Nach § 14 des Umsatzsteuergesetzes (UStG) wird nur durch die elektronische Signatur die Echtheit der Herkunft und die Unversehrtheit des Inhalts einer Rechnung gewährleistet. Die elektronische Signatur ist für den Rechnungsempfänger die Voraussetzung dafür, dass er die in der Rechnung ausgewiesene Umsatzsteuer als Vorsteuerabzug geltend machen kann. Rechnungen, die ohne Signatur online verschickt werden, berechtigen weder zum Vorsteuerabzug noch werden sie im Streitfall überhaupt als Rechnung anerkannt. Solche Rechnungen werden auch nachträglich bei einer Steuerprüfung als nichtig erklärt.

Und ein weiterer Aspekt: Die elektronische Signatur verhindert Medienbrüche. Die Freigabe von Dokumenten kann elektronisch erfolgen. Zugleich erhöht sich die unmittelbare Verfügbarkeit von Daten und Dokumenten. Die Geschäftsprozesse werden dadurch erheblich beschleunigt.

Auswirkungen bis hinein ins Alltagsleben

Beim elektronischen Einkommensnachweis ELENA, früher Jobcard, wird für die Datenabfrage eine digitale Signatur benötigt. Mit ihr dokumentiert der Arbeitnehmer sein Einverständnis, dass sich die Behörde Nachweise über seine Beschäftigungszeiten und Einkommensverhältnisse auf elektronischem Wege besorgen darf. Das spart mehr als 100 Millionen EUR Bürokratiekosten pro Jahr.

Grundsätzlich ist es nicht notwendig, dass für ELENA eine eigene Karte erstellt wird. So können der kommende elektronische Personalausweis oder die Gesundheitskarte und etliche Bankkarten mit Zertifikaten für die elektronische Signatur ausgestattet werden, die dann bei ELENA benutzt werden.

Während die Einrichtung und Nutzung einer digitalen Signatur vom Bürger bezahlt werden muss (10 – 45 EUR pro Jahr), haben die Arbeitgeber größten Nutzen von der geplanten Neuregelung: www.heise.de (Jobcard ELENA nimmt wieder Fahrt auf, 20.02.2008)

15 Qualitätsoffice

Qualität erfasst das Büro. Der Wettbewerb wird härter, die Reichweite der Entscheidungen größer. Neues Bürodesign unterstützt die neue Mobilität. Mitarbeiter setzen sich ein für einen kontinuierlichen Verbesserungsprozess: Erst die Ordnung, dann die Organisation. Prozessmodelle steigern die Produktivität. Teams übernehmen Leitungsaufgaben. Und die Informations-Technologie treibt die Entwicklung unaufhaltsam voran.

Im Büro ist man niemals fertig

Das ist der Grundunterschied zwischen der Arbeit im Büro und der Arbeit in der Fertigung: Im Büro ist man niemals fertig. Es gibt kein natürliches Ende von Büroarbeit. Es kann 5 Minuten dauern, um einen Kollegen zu informieren, aber auch 2 Stunden. Darauf haben Weltz, Bollinger, Ortmann bereits 1989 hingewiesen. Selbstmanagement bildet den Erfolgskern der Büroarbeit: Sich selbst Ziele setzen, das Aufgabenvolumen selbst abschätzen, Wichtiges von Unwichtigem unterscheiden und einmal gesetzte Standards konsequent einhalten, das alles ist erforderlich, um im Büro von heute tatsächlich durchzukommen.

15.1 Erst die Ordnung, dann die Organisation

Übervolle Schreibtische sind out und signalisieren: „Ich kann mich nicht organisieren". Der Trend zum mobilen Office und zum Desk-Sharing unterstützt den „leeren Schreibtisch". Wie schaffen Sie Ordnung?

Aufräumen

Räumen Sie alle Papiere aus Ihren Schubladen, Ablagen, Regalen, Schränken, Taschen und stapeln Sie alles auf Ihrem Schreibtisch. Liegt noch etwas auf dem Fensterbrett? An der Pinnwand alte Infos? Und unter dem Tisch?

Wenn Sie alles zusammengetragen haben, arbeiten Sie sich durch. Sie tun so, als wäre dieses Sammelsurium soeben per Post-Express bei Ihnen eingegangen. Dazu setzen Sie die Posteingangs-Routine aus Kapitel 3 in Gang, denn Sie kenne die Bürosystematik.

Rückstände managen

➤ **Tageswert?**
   Sofort weiterleiten über Ausgangskorb oder sofort Papierkorb

➤ **Prüfwert?**
   Aufbereiten, sofort erledigen und dann den Office-Werkzeugen zuordnen. Kalender? Aufgabenliste? Wiedervorlage?

➤ **Platzablage?**
   Sind das dynamische Akten und Unterlagen?
   Gehören sie zum Tagesgeschäft?
   Sofort in die Platzablage einsortieren. Das ist die organisierte Hängeregistratur im Schreibtisch.

➤ **Bereichsablage?**
   Sind es lebende Akten, d. h. abgeschlossene Vorgänge?
   Werden sie hin und wieder noch gebraucht?
   Sofort in Ordnern ablegen.

➤ **Altablage?**
   Sind es tote Akten und Unterlagen? Warten sie nur noch die Aufbewahrungsfristen ab?
   Ab in den Keller!

Spaß an Ordnung

Warum laden Sie nicht einmal einige Kollegen oder Kolleginnen ein zu einer Ordnungsparty. Ziel: Entrümpeln, Schreibtisch aufräumen, Ablegen.

Ich erinnere mich: Das gesamte Büro zog um. Überall wurde gewerkelt und gepackt. Und dann haben wir gemeinsam aussortiert, weggeworfen, Müll geschleppt – und viel gelacht. Es war eine tolle Atmosphäre. Ein wunderbarer Start in eine neue Umgebung.

Warum sich nicht häufiger oder gar regelmäßig zur gemeinsamen Ordnungsparty verabreden? Und ein paar tolle Fotos als Trophäe ans Schwarze Brett. Man wird darüber reden.

Reorganisation Schritt für Schritt

Wenn Sie lieber in kleinen Schritten vorgehen, so machen Sie sich Arbeitspakete, die Sie mit Fälligkeit und Zeitbedarf in Ihre Aufgabenliste eintragen:

- Schreibtisch organisieren
- Ab in den Keller
- Aktenstruktur Platzablage festlegen
- Aktenübersicht zusammentragen als Grundlage für den Aktenplan
- Aktenverzeichnis in jeden Schrank
- PC aufräumen
- E-Mails im Explorer sichern, wenn geschäftskritisch
- Standards für Dateinamen festlegen usw.

Standards setzen

Geordnete und gut strukturierte Arbeitsplätze und PCs sind die Voraussetzung für effektives Arbeiten. Zur professionellen Arbeit gehören außerdem wohldefinierte Standards.

Standards sind feste Regeln, nach denen Sie arbeiten. Was ist Ihre Aufgabe? Wo ist das beschrieben? Fragen, die ein Qualitätsbeauftragter Ihnen stellen könnte. Wo sind die Unterlagen, nach denen Sie arbeiten, könnte er weiterfragen. Für die Ablage abgeschlossener Vorgänge heißen diese: Aktenplan, Aktenverzeichnis und Schriftgutkatalog. Der Aktenplan enthält die Ordnungsstruktur, nach der Sie ablegen einschließlich Aktenzeichen. Das Aktenverzeichnis gibt darüber Auskunft, wo die Akten und Ordner stehen (Raum, Schrank, PC) und im Schriftgutkatalog sind die gesetzlichen und betrieblichen Aufbewahrungsfristen festgeschrieben.

Standards bilden den roten Faden durch den Office-Alltag. Die meiste Zeit lässt sich bei Routinearbeiten einsparen. So kommen Sie auf Verbesserungs-Ideen:

➤ Warum mache ich das eigentlich?

➤ Wo kann ich Tätigkeiten zusammenfassen?

➤ Welche Erfahrungen haben die Kolleginnen und Kollegen gemacht?

➤ Was läuft besser über die EDV?

15.2 Produktiver werden

Die Globalisierung der Märkte verändert die Aufgabenstruktur der Büroarbeit von tendenziell schematisch ablaufenden Routineaufgaben hin zu hoch komplexen Einzelaufgaben. Informationen werden im Office tagesaktuell gesammelt, verarbeitet und dokumentiert. Im Office werden grundlegende Entscheidungen vorbereitet und gefällt. Vom Office aus werden Arbeitsprozesse weltweit gesteuert und koordiniert. Deshalb bestimmt die Qualität der Büroarbeit zunehmend den Unternehmenserfolg.

Die Produktivitätssteigerungen der letzten 150 Jahre in der Industrie wurden dadurch erreicht, dass durch die Analyse einzelner Arbeitsabläufe optimale Standards definiert wurden, die ein Höchstmaß an Effizienz durch Steigerung des Output und/oder Minimierung des Input erzielten. Produktivität im Office ist mehrdimensional. Tätigkeit, Wissen, Team, Büro und Technologie sind die Kernfaktoren hoher Office Performance, wie es Office 21 (2004) ausdrückt. Produktivität im Office heißt nicht allein, mehr Berichte schreiben, mehr Telefonate pro Tag führen oder überhaupt mehr arbeiten. Im Office kommt es auf die Effektivität der Arbeitsprozesse an. Ist der Kunde nicht nur gut bedient worden, sondern auch zufrieden oder gar begeistert? Ist der Auftrag nicht nur ausgeführt worden, sondern termingerecht, Ressourcen schonend, ohne Last-Minute-Aktionen? Diese Form von Effektivität lässt sich nicht in Fehlern messen oder durch Druck erzeugen. Effektivität muss vorgelebt werden, vom Vorstand, vom Chef, vom Kollegen. Der Einfluss des Einzelnen auf den Erfolg oder Misserfolg wissensintensiver Arbeitsprozesse ist enorm.

Prozessmodell Office

Es gibt Mitarbeiterinnen, die koordinieren acht Manager weltweit gleichzeitig. Entscheidungen werden im Office tagtäglich vorbereitet und gefällt. In welchem Office? Im Vertrieb? An der Hotline? Im Finanz- oder Personalmanagement? Office ist überall. Office ist Chefbüro, Wissensbüro, Vertriebsbüro, Personalbüro.

Um die Prozesse zu erkennen, die im Office zusammenlaufen, muss man sehr konkret werden: Weg von der Abstraktion einer Prozesslandschaft, in der Kern-, Stütz- und Führungsprozesse des gesamten Unternehmens grafisch vorgestellt werden, hin zum individuell gelebten Prozess am Arbeitsplatz. Denn Kern-, Stütz- und Führungsprozesse können an einem einzigen Arbeitsplatz, wie z. B. dem Chef-Sekretariat, zusammenlaufen. Das macht Officetätigkeit komplex und anspruchsvoll, zumal Informationen an sich abstrakt sind.

Prozessmodell Office mit Office-Werkzeugen

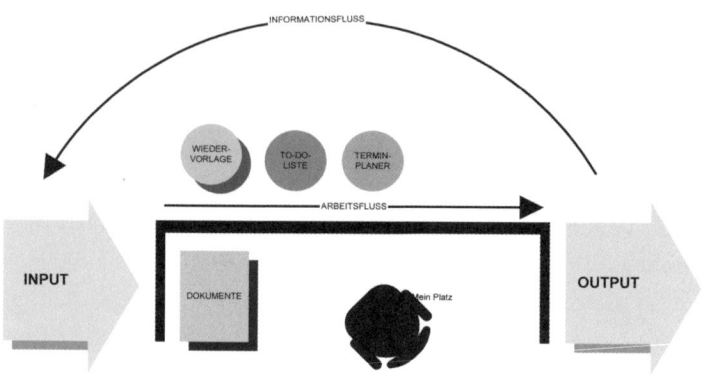

Das Prozessmodell Office, das BÜROFREUDE® in den letzten Jahren erarbeitet hat, macht den Informationsverarbeitungsprozess vom Input zum Output am Arbeitsplatz deutlich, unterstützt durch genau definierte und standardisierte Office-Werkzeuge wie Kalender, Aufgabenliste, Wiedervorlage und Platzablage, elektronisch oder papiergebunden. Input liefert der Posteingang, ergänzt durch alle mitgeltenden Unterlagen wie Checklisten, Standards, Job-Handbuch. Output ist das qualifizierte Arbeitsergebnis, das an den Outputnehmer: Kollege, Kunde, Chef, übergeht.

Entscheidend bei den Input-/Outputbeziehungen ist, dass der Outputnehmer den gewünschten Output auch *definiert*. Aufmunterungen wie „Das machen Sie schon", genügen nicht. Welche Ziele werden verfolgt? Welche Fertigungstiefe ist gewünscht, d. h. wie detailliert soll gearbeitet werden? Sonst arbeitet er oder sie zwei Tage an einer Powerpoint-Präsentation, weil das für den Vorstand sein könnte. Gebraucht wird aber ein Entwurf, der in einer Stunde fertig ist. Eine aufwendige Präsentation – und sei sie noch so beeindruckend – ist in diesem Falle leider Blindleistung, die Folge eines ungeklärten Input.

Der Mitarbeiter oder die Mitarbeiterin kann sich nicht herausreden. Er oder sie hat für einen aussagefähigen Input zu sorgen. Er oder sie muss nachfragen, mit Checklisten absichern, für termingerechten Zufluss sorgen, das eigene Selbstmanagement aktivieren. Erst wenn alle Unterlagen und Informationen vorliegen, wird gestartet. Frühstart erhöht die Bearbeitungszeit. Qualität entsteht aus der Erfüllung vorher vereinbarter Anforderungen. Dabei spielt die persönliche Arbeitsqualität im Office eine ebenso große Rolle wie die Ergebnisqualität.

Prozessfolge Office im Team

Aus dem Output, den Sie Ihrem (internen) Kunden liefern (Chef, Kollege), wird in der Prozessfolge Input. Darauf aufbauend beginnt ein neuer Verarbeitungskreislauf. Das Ergebnis ist ein neuer qualifizierter Output. Dieser Output wird in der Prozessfolge wiederum zu Input, und zwar so lange, bis der übergeordnete Hauptprozess abgeschlossen ist.

Prozessbeschreibung Office entwickeln

Die Prozessschritte und die Übergaben werden erfasst und in einer Prozessbeschreibung dokumentiert. Der Detaillierungsgrad der Beschreibung hängt von den konkreten Anforderungen des Arbeitsplatzes ab. So sichern Sie, auch im Team und über Abteilungsgrenzen hinweg, gleich bleibende Qualität im Office.

Prozessfolge Office im Team

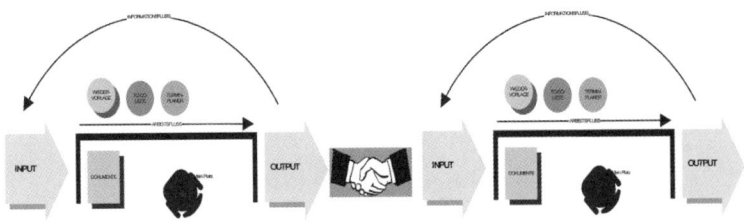

Corporate Office

Das Prozessmodell Office ist flexibel anwendbar, ganz gleich, ob Sie elektronisch oder papiergebunden arbeiten oder in einem Mix von beidem. Ob Chefbüro, ob Chef-Sekretariat, ob Lohnbüro oder Backoffice. Der Schreibtisch, der Schrank, der Caddy, Sie haben bereits ein einheitliches Design, auf die Bedürfnisse des Unternehmens abgestimmt. Für die EDV gelten klare Regeln. Aber am Schreibtisch, am Desktop, in den Schränken und im Caddy wird gewerkelt, aus Unkenntnis der Systematik von Office-Tätigkeit. Die Lösung heißt „Corporate Office": Prozesse erfassen, Arbeitssystematik festlegen, Performance schulen, Produktivität einfahren. Für den Mitarbeiter, das Team, den Chef, das ganze Unternehmen. Weltweit.

15.3 Auf dem Weg zum Profi

▶ Strahlen Sie Ruhe aus?

▶ Übernehmen Sie gern die Initiative?

▶ Lieben Sie einen leeren Schreibtisch?

▶ Gestalten Sie Ihre Briefe, Mails, Faxe, Berichte, Protokolle fehlerfrei und überzeugend?

▶ Berücksichtigen Sie die Wünsche Ihrer Kolleginnen und Kollegen?

▶ Kennen Sie den Geburtstag Ihres Chefs, Ihrer Chefin?

▶ Kennen Sie klare Standards, die Sie auch einhalten?

▶ Besprechen Sie die Ereignisse des Tages, der Woche mit Ihren Kollegen, mit Ihrem Chef?

▶ Wird Ihre Arbeit wertgeschätzt?

▶ Sorgen Sie für den richtigen Input, bevor Sie beginnen?

▶ Kooperieren Sie gern?

▶ Wissen Sie abends, was Sie getan haben?

Können Sie 10–12 dieser Fragen mit „ja" beantworten?
Gratuliere, Sie sind Profi!

Können Sie weniger als 10 dieser Fragen mit „ja" beantworten?
Gratuliere, Sie sind auf dem Weg zum Profi!

16 Freude an der Arbeit

Darf denn Arbeit Freude machen? Ja, sie darf! Ohne Freude erreichen Sie nichts Großes. Freude fürs Leben und Pflicht für den Job, das ist out. Arbeit und Leben gehören zusammen, denn unsere Arbeit verlangt von uns viel an Können, an Kompetenz, an Initiative, an Verantwortung.

Freude an oder Spaß bei der Arbeit? Der Spaßfaktor ist nicht zu unterschätzen. Jacqueline Rieger führt überzeugend aus, warum Arbeit und Spaß zusammengehören. In vielen Beispielen initiiert sie Spaß, um Gewohnheit und Eintönigkeit zu überwinden. Wenn ich von Freude an der Arbeit spreche, meine ich die innere Zufriedenheit, die damit einhergeht, das Richtige zu tun und damit Erfolg zu haben.

Damit Ihre Freude an der Arbeit wächst, können Sie einiges tun:

Freude an der Arbeit pflegen

- **Beherrschen Sie Ihr Fach meisterhaft**
  Befähigung erzeugt Zuversicht. Zuversicht erzeugt Selbstsicherheit. Selbstsicherheit erzeugt Entschlossenheit. Bilden Sie sich also weiter, suchen Sie sich interessante Aufgabengebiete. Werden Sie Spezialist oder Spezialistin für … Es macht unheimlich Spaß, gut zu sein.

- **Suchen Sie sich kompetente Partner und Gleichgesinnte**
  Nehmen Sie Kontakt zu Partnern auf, die angenehme und anregende Gesprächspartner für Ihre Anliegen sein könnten. Gute Gesprächssituationen und Kooperationen zeichnen sich aus durch Kreativität, Lernerfolge, auch Spaß und – sehr gute Ergebnisse.

> **Probieren Sie Neues aus**
> Erfinden Sie etwas. Denken Sie mit. Machen Sie Vorschläge. Entdecken Sie Besonderheiten. Erfinden Sie eine Strategie gegen langweilige Aufgaben. Aber lässt die Kultur des Unternehmens das auch zu? Dürfen Sie überhaupt kompetent, eigenständig, verantwortungsbewusst, erfolgreich arbeiten? Haben Sie den Freiraum, auch einmal einen Fehler zu machen?

> **Feiern Sie Ihre Erfolge**
> Feiern Sie den termingerechten Abschluss einer umfangreichen Arbeit, ein erfolgreiches Gespräch, einen konstruktiven Beitrag. Suchen Sie Gründe zum Feiern. Belohnen Sie sich für gute Arbeit. Ein bisschen stolz auf sich und Ihre Leistungen dürfen Sie schon sein.

Arbeitshilfen

Aufgabenliste

ABC	Aufgaben	Wann?	Wie lange?	OK

Struktur der Platzablage

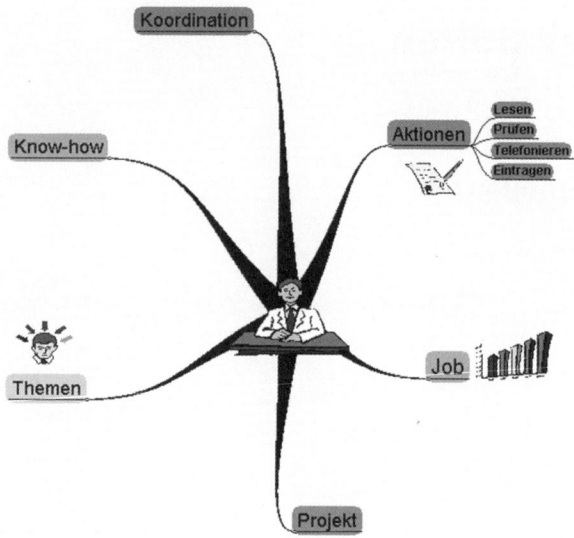

Am besten CD „Leerer Schreibtisch" einlegen. Zuhören und aufräumen (siehe Literatur).

Störprotokoll

Unterbrecher	Uhrzeit	Dauer	Anlass

Arbeitshilfen

Meine Störzeiten

%													
80													
75													
70													
65													
60													
55													
50													
45													
40													
35													
30													
25													
20													
15													
10													
5													
🕐	7	8	9	10	11	12	13	14	15	16	17	18	19

Meine Erfolgsaufgaben

Tätigkeiten und Aufgaben	wenig Aufwand viel Erfolg	viel Aufwand, wenig Erfolg

Wo bleibt meine Arbeitszeit?

Angaben in Stunden	MO	DI	MI	DO	FR
Posteingangs-Routine: Post, E-Mail, Fax, Infos					
Schriftwechsel: Briefe, E-Mails, Fax schreiben und beantworten					
Telefon: eingehend und ausgehend					
Kontakte intern: zu Chef, Kollegen, Mitarbeiter					
Infos beschaffen und lesen: Wissensmanagement, Fortbildung					
Sitzungen, Meetings, Konferenzen: incl. Vor- und Nachbearbeitung (Protokolle)					
Planung und Organisation: Reisen, Besuche, Tagesplan					
Sachbearbeitung: Abrechnungen, Redaktion, Materialbeschaffung					
Arbeitszeit in Stunden pro Tag					

Planung von internen Veranstaltungen

Sitzung, Meeting, Konferenz, Workshop, Besprechung, Versammlung	Begonnen am:	Beendet am:	OK ✔
Start			
Teilnehmer ausgewählt?			
Beteiligte informiert?			
Vorsitz geklärt?			
Thema abgesprochen?			
Tagesordnung abgestimmt?			
Datum, Uhrzeit, Dauer festgelegt?			
Ort, Raum gebucht?			
Unterlagen vorbereitet?			
Einladung mit Tagesordnung verteilt?			
Technik, Ausstattung geprüft?			
Bewirtung geklärt?			
Ende			

Planung von Events

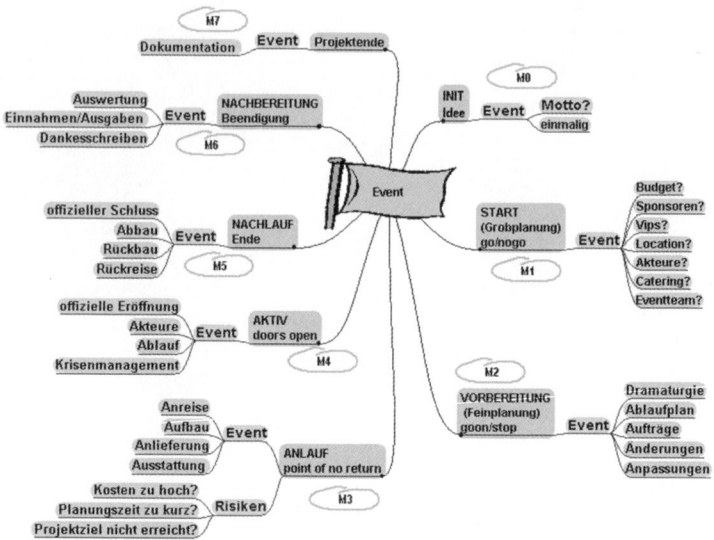

Muster-Aktenplan

0 Leitung

0-0 Gründung
0-00 Gesellschaftsverträge
0-01 Handelsregister
0-02 Schriftwechsel mit Gesellschaftern (nach Datum)

0-1 Führung
0-10 Geschäftsleitung
0-11 Protokolle GL
0-12 Schriftwechsel GL (nach Datum)
0-13 Vollmachten
0-14 Personalakten GL

0-2 Team
0-20 Protokolle Team (nach Datum)
0-21 Arbeitsaufträge Team

0-3 Partner
0-30 Partnerschaften, Kooperationen (nach ABC)

0-4 Mitgliedschaften
0-40 Verbände

0-5 Geschäftsberichte
0-50 Geschäftsberichte mit Bilanzen (nach Jahren)

0-6 Archiv
0-60 Chronik
0-61 Archiv

1 Verwaltung

1-0 Büro
1-00 Mietvertrag
1-01 Nebenkosten
1-02 Instandhaltung
1-03 Schlüsselplan
1-04 Schriftwechsel mit der Hausverwaltung (nach Datum)
1-05 Ausstattung Übersicht
1-06 Räume, neue

1-1 Organisation
1-10 Aufbau- und Ablauforganisation
1-11 Schriftgutverwaltung: Aktenplan, Aktenverzeichnis, Schriftgutkatalog
1-12 Vordrucke, Formulare der Verwaltung
1-13 Disketten-, CD und DVD-Verzeichnis (nach Sachgebiet, und/oder numerisch)
1-14 Handbücher Fon, Fax, E-Mail (im Regal liegend)
1-15 Handbücher EDV (in Stehsammlern)

1-2 Versicherung
1-20 Betriebsversicherung
1-21 Feuerversicherung
1-22 Einbruchsversicherung
1-23 Haftpflicht-Versicherung
1-24 Kfz-Versicherung
1-25 Versicherungen, andere

1-3 Recht
1-30 Rechtsangelegenheiten, allgemein HGB, BGB
1-31 Patentrecht
1-32 Gebrauchsmuster, Warenzeichen
1-33 Lizenzen
1-34 Erfindungen

1-4 Zeitschriften
1-40 Abonnements Übersicht
1-41 Zeitschriften Dokumentation (in Stehsammlern)
1-42 Presse Ausschnitte

2 Finanzen

2-0 Bank
2-00 Schriftwechsel Bank 1 (nach Datum)
2-01 Schriftwechsel Bank 2 (nach Datum)
2-02 Daueraufträge, Einzugsermächtigungen

Muster-Aktenplan

2-03 Kredite, Sicherheiten

2-1 Finanzamt
2-10 Schriftwechsel Finanzamt (nach Datum)
2-11 Umsatzsteuer
2-12 Körperschaftssteuer

2-2 Steuerberater
2-20 Schriftwechsel Steuerberater (nach Datum)
2-21 Buchungsanweisungen, Kontenplan
2-22 Buchprüfungen

2-3 Buchungsbelege
2-30 Rechnungen an Kunden
2-31 Rechnungen von Lieferanten
2-32 Kontoauszüge, Zahlungen
2-33 Belege, sortiert (nach Datum, kaufmännisch)
2-34 Kasse

2-4 Budget
2-40 Finanz- und Investitionsplan
2-41 Leasingverträge
2-42 Bürgschaften

2-5 Abschluss
2-50 Monatsabschlüsse
2-51 Inventur
2-52 Anlagenspiegel

3 Personal

3-0 Arbeitsrecht, Sozialversicherung
3-00 Tarife, Richtlinien (Arbeitszeit, Überstunden, Urlaub)
3-01 Reisekosten Richtlinien
3-02 Gewerbeaufsichtsamt
3-03 Krankenkassen
3-04 Berufsgenossenschaft
3-05 Arbeitsamt Abrechnung
3-06 BfA
3-07 Rechtsangelegenheiten Personal
3-08 Schwerbeschädigtenabgabe

3-1 Leistungen, betrieblich
3-10 Einrichtungen, betriebliche (Kindergarten, Kantine)
3-11 Veranstaltungen, betriebliche (Betriebsausflug)
3-12 Weichnachtsgeld, Urlaubsgeld
3-13 Darlehen, Vorschüsse
3-14 Geschenke an MA zu Geburtstagen und Jubiläen
3-15 Prämien, Tantiemen
3-16 Altersversorgung, betriebliche
3-17 Fortbildung

3-2 Personalbeschaffung
3-20 Stellenausschreibungen
3-21 Bewerbungen
3-22 Bewerber Beurteilungen
3.23 Inserate
3-24 Zeitarbeit
3-25 Arbeitsamt Personalbeschaffung

3-3 Mitarbeiter
3-30 Personalakten Mitarbeiter (Einzelakte je MA Hängeregistratur)
3-31 Personalakten Praktikanten (eine Akte je Praktikant, Hängeregistratur)
3-32 Mitarbeiter, ehemalig Schriftwechsel, Rechtsangelegenheiten (nach ABC)

3-4 Gehälter
3-40 Gehälter Übersichten
3-41 Lohnkonten (nach Mitarbeitern)
3-42 Lohnsteuer, Kirchensteuer
3-43 Vermögenswirksame Leistungen
3-44 Entgeltfortzahlung
3-45 Pfändungen

3-5 Statistik
3-50 Statistik Personal

4 Einkauf

4-0 Einkauf
4-00 Bedarfsmeldung
4-01 Bestellungen
4-010 Büroeinrichtungen
4-011 EDV-Anlagen
4-012 Betriebsmittel, Bürobedarf
4-02 Lieferscheine

4-1 Einkauf DOKU
4-10 Preislisten, Kataloge (mit Verfalldatum in Stehsammlern)

4-2 Lieferanten
4-20 Einkaufsrichtlinien,
4-21 Bezugsquellennachweis (nach Sachgebieten)
4-22 Lieferverträge (nach Sachgebiet und ABC – Verweis)
4-24 Schriftwechsel Lieferanten (nach ABC oder numerisch)

4-3 Dienstleitungen, fremde
4-30 Beratung

4-4 Statistik
4-40 Statistik Einkauf

5 Projekt

5-0 Konzept
5-00 Konzeptentwürfe

6 frei

7 frei

8 Vertrieb

8-0 Strategie
8-00 Marktziele
8-01 Marketingkonzept PC

8-1 Preisgestaltung
8-10 Kalkulationen, Preislisten
8-11 Verkaufs- und Zahlungsbedingungen

8-2 Akquisition
8-20 Akquisition Ansprechpartner
8-21 Kundenkontakte, neue

8-3 Anfragen, Angebote
8-30 Anfragen, Angebote (nach ABC oder Datum)

8-4 Kunden
8-40 Kundenadressen
8-41 Aufträge (Einzelakte je Kunde, Hängeregistratur)
8-42 Schriftwechsel allgemein (nach ABC oder numerisch)

8-5 After Sale
8-50 Kunden-Nachbetreuung (nach ABC)

8-6 Statistik
8-60 Statistik Verkauf

9 Öffentlichkeit

9-0 Kontakte FFF, Presse
9-00 Kontaktadressen (evtl. Kartei nach Bereichen, dann ABC)
9-01 Kontakte Film, Funk, Fernsehen (nach Bereichen)
9-02 Kontakte Presse EM (nach ABC)
9-03 Kontakte Behörden (nach ABC)

9-1 Druckwerke, eigene
9-10 Prospekte, eigene
9-11 Pressemappen, eigene
9-12 Media-Material, eigenes (Video, Audio CD, DVD)

9-2 Marktbeobachtung
9-20 Marktbeobachtung Trends
9-21 Marktbeobachtung Mitbewerber
9-22 Martkbeobachtung Analysen

Muster-Aktenplan – Alphabetisch

Ablauforganisation	1-10	Einkaufsrichtlinien	4-20
Akquisition Ansprechpartner	8-20	Einrichtungen, betriebliche	3-10
Aktenplan	1-11	Einzugsermächtigungen	2-02
Aktenverzeichnis	1-11	Entgeltfortzahlung	3-44
Altersversorgung, betriebliche	3-16	Erfindungen	1-34
Anfragen	8-30	Feuerversicherung	1-21
Angebote	8-30	Finanzpläne	2-40
Anlagenspiegel	2-52	Formulare Verwaltung	1-12
Arbeitsamt Personalbeschaffung	3-25	Fortbildung	3-17
Arbeitsamt Abrechnung	3-05	Gebrauchsmuster	1-32
Arbeitsaufträge Team	0-21	Gehälter Übersichten	3-40
Archiv	0-61	Geschäftsberichte	0-50
Aufbauorganisation	1-10	Geschäftsleitung	0-10
Aufträge	8-41	Geschenke an MA	3-14
Ausstattung Übersicht	1-05	Gesellschaftsverträge	0-00
Bedarfsmeldung	4-00	Gewerbeaufsichtsamt	3-02
Belege, sortiert	2-33	Haftpflichtversicherung	1-23
Beratung	4-30	Handbücher EDV	1-15
Berufsgenossenschaft	3-04	Handbücher Fon, Fax, E-Mail	1-14
Bestellungen	4-01	Handelsregister	0-01
Betriebsmittel Bestellungen	4-012	Inserate	3.23
Betriebsversicherung	1-20	Instandhaltung	1-02
Bewerber Beurteilungen	3-22	Inventur	2-51
Bewerbungen	3-21	Investitionspläne	2-40
Bezugsquellennachweis	4-21	Kalkulationen	8-10
BfA	3-06	Kasse	2-34
Bilanzen	0-50	Kataloge Einkauf	4-10
Buchprüfungen	2-22	Kfz-Versicherung	1-24
Buchungsanweisungen	2-21	Kirchensteuer	3-42
Bürgschaften	2-42	Kontaktadressen	9-00
Bürobedarf Bestellungen	4-012	Kontakte Behörden	9-03
Büroeinrichtungen Bestellungen	4-010	Kontakte Film, Funk, Fernsehen	9-01
CD Verzeichnis	1-13	Kontakte Presse	9-02 EM
Chronik	0-60	Kontenplan	2-21
Darlehen	3-13	Kontoauszüge	2-32
Daueraufträge	2-02	Konzeptentwürfe	5-00
Diskettenverzeichnis	1-13	Kooperationen	0-30
DVD-Verzeichnis	1-13	Körperschaftssteuer	2-12
EDV-Anlagen Bestellungen	4-011	Krankenkassen	3-03
Einbruchsversicherung	1-22	Kredite	2-03

Muster-Aktenplan

Kunden Nachbetreuung	8-50	Schriftwechsel Finanzamt	2-10
Kundenadressen	8-40	Schriftwechsel Gesellschafter	0-02
Kundenkontakte, neue	8-21	Schriftwechsel GL	0-12
Leasingverträge	2-41	Schriftwechsel Hausverwaltung	1-04
Lieferscheine	4-02	Schriftwechsel Kunden	8-42
Lieferverträge	4-22	Schriftwechsel Lieferanten	4-24
Lizenzen	1-33	Schriftwechsel Steuerberater	2-20
Lohnkonten	3-41	Schwerbeschädigtenabgabe	3-08
Lohnsteuer	3-42	Sicherheiten	2-03
Marketingkonzept	8-01 PC	Statistik Einkauf	4-40
Marktbeobachtung	9-22	Statistik Personal	3-50
Marktbeobachtung Mitbewerber	9-21	Statistik Verkauf	8-60
Marktbeobachtung Trends	9-20	Stellenausschreibungen	3-20
Marktziele	8-00	Tantiemen	3-15
Media-Material, eigenes	9-12	Tarife Arbeitszeit	3-00
Mietvertrag	1-00	Tarife Überstunden	3-00
Mitarbeiter, ehemalige	3-32	Tarife Urlaub	3-00
Monatsabschlüsse	2-50	Umsatzsteuer	2-11
Nebenkosten	1-01	Urlaubsgeld	3-12
Partnerschaften	0-30	Veranstaltungen, betrieblich	3-11
Patentrecht	1-31	Verbände	0-40
Personalakten GL	0-14	Verkaufsbedingungen	8-11
Personalakten Mitarbeiter	3-30	Vermögenswirksame Leistungen	3-43
Personalakten Praktikanten	3-31	Versicherungen, andere	1-26
Pfändungen	3-45	Vollmachten	0-13
Prämien an Mitarbeiter	3-15	Vordrucke Verwaltung	1-12
Preislisten Einkauf	4-10	Vorschüsse	3-13
Preislisten Verkauf	8-10	Warenzeichen	1-32
Presse Ausschnitte	1-42	Weihnachtsgeld	3-12
Pressemappen, eigene	9-11	Zahlungen	2-32
Prospekte, eigene	9-10	Zahlungsbedingungen	8-11
Protokolle GL	0-11	Zeitarbeit	3-24
Protokolle Team	0-20	Zeitschriften Abonnements	1-40
Räume, neue	1-06	Zeitschriften Dokumentation	1-41
Rechnungen an Kunden	2-30		
Rechnungen von Lieferanten	2-31		
Rechtsangelegenheiten HGB BGB	1-30		
Rechtsangelegenheiten Personal	3-07		
Reisekostenrichtlinien	3-01		
Schlüsselplan	1-03		
Schriftgutkatalog	1-11		
Schriftwechsel Bank 1	2-00		
Schriftwechsel Bank 2	2-01		

217

Muster-Aktenplan

So sieht der Musteraktenplan in der Explorer-Struktur aus. Hier Beispiele zu 0 Leitung und 1 Organisation bzw. Verwaltung:

Literaturverzeichnis

Bungert, Gerhard	*Einfach gut schreiben* Texte für Werbung, Korrespondenz und Öffentlichkeitsarbeit Heyne Business, 1997 Leider nur noch gebraucht zu finden.
Covey, Stephen R.	*Die 7 Wege zur Effektivität* Prinzipien für persönlichen und beruflichen Erfolg Gabal, 2007 Auch als Kartendeck und als CD.
Covey, Stephen R.	*Der Weg zum Wesentlichen* Der Klassiker des Zeitmanagements Campus, 2007
DIN Deutsches Institut für Normung e. V.	*Schreib- und Gestaltungsregeln für die Textverarbeitung* Sonderdruck von DIN 5008:2005 Beuth, 2005 4. Auflage
Dittmann, Jürgen	*Tipp* Die neue Rechtschreibung Mit den aktuellen amtlichen Regeln Haufe, 2008
Duden-Redaktion	*Moderne Geschäftsbriefe – leicht gemacht* Musterbriefe, E-Mails, Nach der verbindlichen Rechtschreibregelung Dudenverlag, 2008

Engel-Ortlieb, Dorothea	*Leerer Schreibtisch* Zuhören und aufräumen. Hörbuch. 45 Minuten. 2 Sprecher. www.business-wissen.de, 2006. ISBN-10 3939100013 ISBN-13 978-3939100010
Götzer, Klaus et al	*Dokumenten-Management* Informationen im Unternehmen effizient nutzen Dpunkt Verlag, 2004
Gruhn, Volker et al.	*Elektronische Signaturen in modernen Geschäftsprozessen* Schlanke und effiziente Prozesse mit der eigenhändigen elektronischen Unterschrift realisieren Vieweg, 2007
Jäger, Armin	*Erfolgreich schreiben im Beruf* Mit Mustertexten, Checklisten und Schreib-Knigge Wissenschaftliche Buchgesellschaft, 2007
Klingelhöller, Harald	*Dokumenten-Managementsysteme* Handbuch zur Einführung Springer, 2001
Malik, Fredmund	*Führen Leisten Leben* Wirksames Management für eine neue Zeit Campus, 2006
Meckel, Miriam	*Das Glück der Unerreichbarkeit* Wege aus der Kommunikationsfalle Murmann, 2007
Rieger, Jacqueline	*Der Spaßfaktor* Warum Arbeit und Spaß zusammengehören Gabal, 2000
Seiwert, Lothar J.	*Das neue 1x1 des Zeitmanagement* Zeit im Griff, Ziele in Balance, Gräfe und Unzer, 2007

Seiwert, Lothar J.	*Wenn Du es eilig hast, gehe langsam* Mehr Zeit in einer beschleunigten Welt Campus, 2008
Spath, Dieter & Kern, Peter (Hrsg.)	Office 21 *Zukunftsoffensive Office 21* Mehr Leistung in innovativen Arbeitswelten Vgs Verlagsgesellschaft, 2004
Stach, Michael	*Dokumenten-Management* Anforderungen und Besonderheiten des kooperativen Erstellens von Dokumenten VDM Verlag Dr. Müller, 2007
Weltz, Friedrich., Bollinger, Heinrich, Ortmann, Rolf G.	*Qualitätsförderung im Büro* Konzepte und Praxisbeispiele Campus, 1989 Leider nur gebraucht zu finden.

Stichwortverzeichnis

A
Akten 14 ff., 139, 143 f., 154, 158, 194
Aktenplan 11, 49, 58, 161 ff., 196, 213
Aktenübersicht 161 f., 195
Aktenverzeichnis 168, 195 f., 213, 216
Aktionsliste 127, 128
Alpenmethode 42, 46, 50
Altablage 14 ff., 144, 151, 194
Arbeitsbereich 13 ff., 18 f., 109, 144, 174
– dynamisch 13 f.
– statisch 13 ff., 174
Arbeitsqualität, persönliche 199
Archiv 14 ff., 158, 162, 164
– elektronisches 11, 177, 180, 182, 184
Aufbewahrungsfristen 14 f., 154 f., 167, 176, 188, 194, 196
Aufgabe
– aufschieben 110
– bündeln 11, 25, 115
– dynamische 18
– langfristige 59
– langweilige 204
– Lotus Notes 87 ff.
– Outlook 73 ff.
– schwierige 115
– unerledigte 44, 50 f.
Aufgabenblock 50 f.
Aufgabenbuch oder –Kladde 44 f.
Aufgabenliste 27 f., 32, 42, 44, 58, 66, 73
Aufräumen 194

B
Bereichsablage 14 ff., 174, 194
Besucher 37, 38, 96
Bildschirmarbeitsplatzverordnung 18
Büroarbeit 11, 23, 193, 196 ff.
Büro der Zukunft 20 ff.
Büro, mobiles 14, 20, 22
Büronomade 21
Bürosystematik 11, 194

C
Caddy 14, 20 ff., 200
Chef/Chefin 18, 27, 30 ff., 39, 40, 101
Chefgespräch 27, 29

D
Desk-Sharing 23, 193
DIN 5007 149, 150
DIN 5008 135, 219
Dokumentenmerkmale 183

E
Einzelakte 142, 143, 167
E-Mails
– ausdrucken 176
– gelöschte 188
– Posteingang 29 ff.
E-Mail-Archivierung 188
E-Mail-Kommunikation 135 ff.
E-Mail-Organisation 173 ff.

F
Feedback 103

G
GDPdU 186 ff.
Globalisierung 23, 196

H
Hängeregistratur 16, 18 f., 56, 92, 140 ff., 168, 194
Heftung 144, 167
Historie 54, 184

I
Informationsverarbeitungsprozess 198
Inhaltsverzeichnis 28, 120, 144, 145, 152

J
Jobbuch 118 ff.

L
Lebensbalance 112
Leerer Schreibtisch 16, 23 49, 175, 206, 220

N
Nein sagen 99, 100
New Work 22 f.

O
Ordner
- E-Mail 32, 61, 64, 76, 77, 92, 174, 175
- Papier 21, 28, 140
- PC 161, 170, 172

Ordnerrücken 140, 146
Ordnung
- nach ABC 149
- nach Nummern 147
- nach Stichwörtern 151
- nach Zeit 147

P
Pareto 105, 106
Pausen 102, 116, 127
PDA, Personal Digital Assistant 63
Perfektionismus 111
Platzablage 13 f., 18 f., 21, 28, 92, 174 ff., 194 ff., 206
Posteingangs-Routine 25, 27, 29, 32, 49, 175, 194
Priorität 42, 48 ff., 74
Produktivität 23, 98, 193, 197, 200
Profi 200
Prozess, gelebt 197
Prozessbeschreibung Office 199
Prozessfolge Office 199
Prozesslandschaft 197
Prozessmodell Office 193, 197, 198, 200
Pufferzeit 46 ff., 67, 73, 82, 109, 125
Pultordner 16, 28, 56, 58

Q
Qualität 13, 193 ff.

S
Sammelakte 143, 144, 151
Schriftgutkatalog 158, 196
Selbstmanagement 47, 105 ff., 113, 193, 199
Smartphone (dt. in etwas „schlaues Telefon") 63

Standards 119, 180, 185, 196 f.
Stille Stunde 52 f., 96 f., 115

T
Tagesablauf 96, 113 ff.
Tagesplan 42 ff., 63, 74, 109, 113, 115, 118
Tageswert 25, 30, 194
Team 68 f., 89, 119, 199
Termin 26, 35 ff.
- abstimmen 27, 38 ff.
- auf Termin legen 26, 27, 30, 55
- eintragen in Lotus Notes 84
- eintragen Outlook 32, 69
- erinnern in Lotus Notes 84
- erinnern Outlook 71 f.
- ganztägig Outlook 67
- mit sich selbst 53, 54, 61, 77, 84, 97
- regelmäßige 36
- setzen 36
- überwachen 55
Terminhoheit 39
Terminkalender 17, 35 ff., 58
Terminmanagement 11, 41 f., 61 ff.
Terminplaner 17, 27, 40 ff., 59
- elektronisch 61
Terminserie, Outlook 69 ff.
Time-Keeper 126

V
Virus 30
Vorgang 13, 31, 51, 58, 77, 142 ff., 156, 174 ff.

W
Wiedervorlage 16, 28, 31, 54 ff., 76 f., 90 ff.
Wochenplan 59, 112

Z
Zeitmanagement 11, 42, 49, 54, 61, 89, 112, 219